JN217123

もっと
好きになる

日本酒選びの教科書

animism bar 鎮守の森 店主

竹口敏樹

監修

ナツメ社

──東京、四ツ谷。
ここに「幻」と呼ばれる
日本酒のお店があります。

看板はなし、完全紹介制。
ちょっと入りにくいのですが、
「お酒の達人」と名高いマスター
が選ぶ、とびっきりおいしい
お酒を味わうことができる、
日本酒のワンダーランドです。

雑居ビルの暗く長い階段を降り、
真っ黒なドアの呼び鈴を鳴らすと……

地酒専門店「鎮守の森」に
たどりつきます。

ようこそ、「鎮守の森」へ。
ここはあなたの好きな日本酒が
必ず見つかる場所。私はこの店の
マスター・竹口敏樹です。

「日本酒」は難しいって？
大丈夫、お酒を楽しむのに
頭でっかちな知識は不要です。
初心者でもすぐに
日本酒を「選び」、
自由に「味わう」ことが
できるようになりますよ。

日本酒を楽しむ「コツ」を、
私がこっそり教えましょう。

目次

_{Part}**3**　日本酒を買いに行こう

日本酒って
たくさんありすぎて
わからない。
どれを選んだら
いいんだろう？

それならまずは、
日本酒の「固定観念」を
壊すことから
始めましょう

Prologue

日本酒の新常識

「日本酒といえば辛口」「大吟醸が一番!」
……そんな言葉を耳にしたことはない?
こういった「日本酒の常識」は、
実は間違いだらけだ。まずはウォーミングアップ、
日本酒の「新」常識を紹介しよう。

SHIN JOSHIKI 1

日本酒に「辛口」はない！

僕たちみんな「甘口」です！

大吟醸 大吟醸 大吟醸 大吟醸 純米 純米 純米 純米 大吟醸 大吟醸

「辛口」も辛くはない！
日本酒は甘いお酒

「辛口のお酒ください」と言ったことはないだろうか。日本酒には「甘口」と「辛口」があると思っている人も多いはず。でも、実は日本酒の味に「辛さ」は存在しない。1960年代にすっきりした味わいの「淡麗辛口ブーム」が起こってから、多くの人がずーっと「すっきり＝辛口」と勘違いしているのだ。

「ごはん」の味は甘い。だからそれを原料としている日本酒も当然「甘いお酒」になる。日本酒の味の違いは「甘さ」の程度だったのだ。

SHIN JOSHIKI
2

「甘さ」+ニュアンスで

旨　コク

甘 + 苦　余韻
SWEET　香　酸

味を決める
ニュアンスたち

味をイメージしよう

「甘さ」とニュアンスで味をイメージする

　日本酒は「甘さ」がベース。ざっくり分けると、①甘みをさほど感じない、②甘みが優しくふくらむ、③やや強い甘みがある、④どっしりとした甘みがある、の4段階だ。ここに酸みや苦み、コク、余韻の長短などが合わさり、一つ一つ異なるお酒の「個性」が生まれるのだ。また、最近は香りが発生しやすい酵母で仕込んでいる蔵元も増えているので、個性的で強い香りを持つお酒も多い。「甘さ」とニュアンスだと考えると、複雑なお酒の味もイメージしやすくなる。

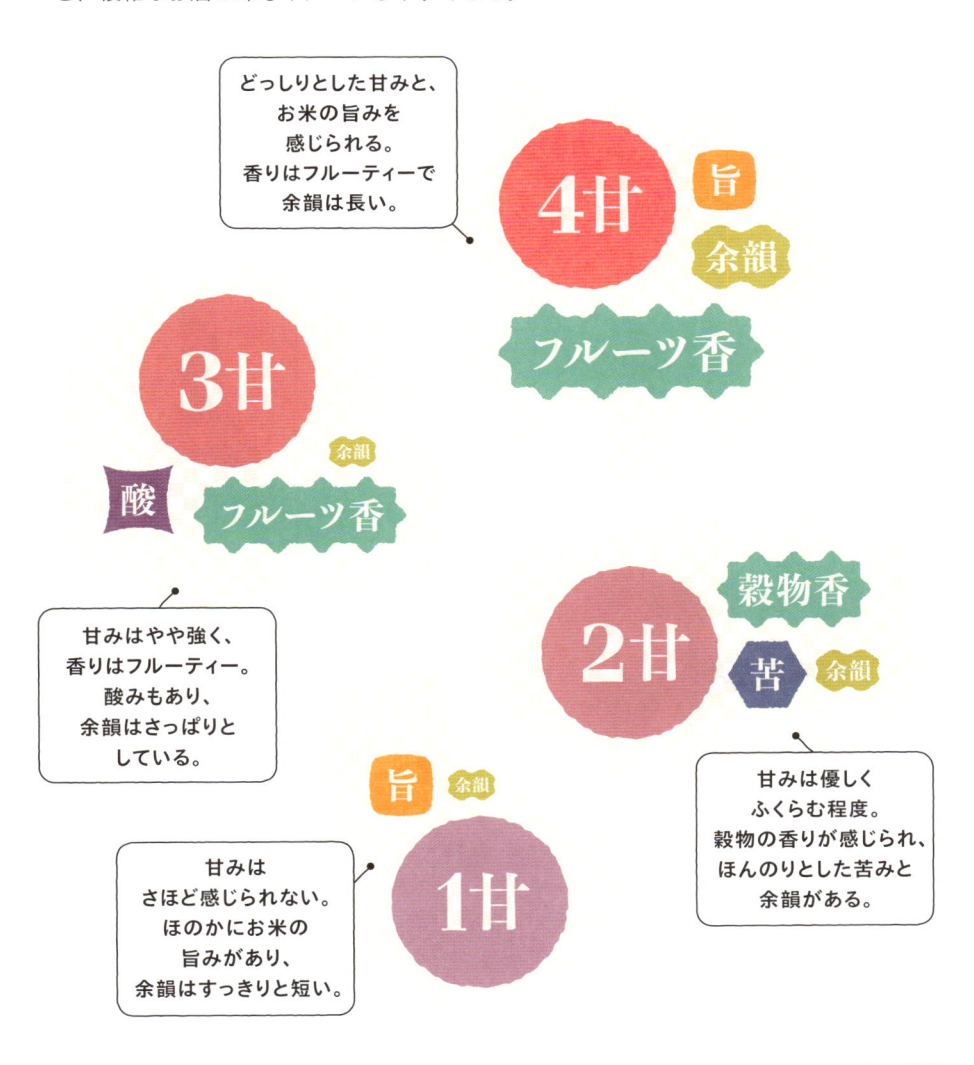

どっしりとした甘みと、お米の旨みを感じられる。香りはフルーティーで余韻は長い。

甘みはやや強く、香りはフルーティー。酸みもあり、余韻はさっぱりとしている。

甘みはさほど感じられない。ほのかにお米の旨みがあり、余韻はすっきりと短い。

甘みは優しくふくらむ程度。穀物の香りが感じられ、ほんのりとした苦みと余韻がある。

SHIN JOSHIKI 3

似ているけど違う「ワイン」と「日本酒」

\ 同じ醸造酒仲間! /

似ているお酒なのに
日本酒を複雑に感じる
のはなぜ？

ワインは「ブドウカ」、
日本酒は「総合力」

　日本酒は同じ醸造酒という共通点から、特に白ワインと比較されることが多い。ワインは水を使わずに造られるため、原料のブドウの質が味を決める。一方、日本酒はお米や水、酵母、造り手の技術など、様々な要素のかけ算で味が決まる。そのため、同じお米でも全然違う味になるなど、難しく感じてしまう人も多いだろう。

　お米が最高級品ではなくても、水の質や杜氏の腕など、その他の要素が素晴らしければ十分おいしい日本酒ができる。複雑だけど、これこそが日本酒の面白いところだ。

4 お米の品種とお酒の味は関係ない？

ラベルに
お米の品種が
書かれている
ことが多い

「雄町」のお酒ってフルーティー
だから好きかも！？

品種よりも「質」を見よう

　日本酒の原料は「お米」だけど、普段食べている「ごはん」とは違う専門の品種を使うのが一般的。代表的な「山田錦」や「雄町」などには「このお米のお酒が好き！」という人もいるけれど……お酒を飲んでお米の違いを区別するのはプロでも難しい。大切なのはズバリ「質」。同じ「山田錦」でも幅広いランクがあり、同じ地区で育ったものでも、無農薬などこだわったお米とそうでないお米では味が異なる。最高の環境で丁寧に育てられたお米のお酒は、それはそれは「ふくよか」な味を楽しめる。

**品種ごとに飲み比べても
ほとんどわからない……**

**大切に育てた
お米のお酒は、
味のふくらみが全然違う！**

特A地区

日本穀物検定協会による食味試験によって、最も高いランクと評価された産地のこと。

自社栽培

日本酒を醸造する蔵元自身が栽培を行っているお米のこと。

Column

酒米（酒造好適米）って何？

日本酒の原料は普段食べている「食用米」ではなく、粒が大きくて日本酒を造るのにぴったりな特徴を持つお米が選ばれることが多い。代表的な酒造好適米として、「山田錦」「五百万石」「雄町」「美山錦」などがあり、品種改良が続けられている。（→P183）

⑤
「純米」の方が
おいしいというのは
間違い

混ぜものの
ダメなお酒？

純粋ないいお酒？

純米酒と本醸造酒は、それぞれに魅力がある

「純米酒＝純粋で○」「アルコール添加＝混ぜもので×」なんて聞いたことはない？日本酒にはお米と水だけの「純米酒」と、そこにサトウキビなどを原料にした「醸造アルコール」を添加した「本醸造酒」「普通酒」があり、「本醸造は悪酔いする安酒」「おいしくない」というイメージを持つ人も多い。しかしアルコール添加は江戸時代から行われていた技術であり、これにより飲み疲れしないすっきりとした味に整えることができるのだ。純米酒も本醸造酒も、どちらもおいしいお酒だと覚えておこう。

お米の味がしっかり

純米

＝

米　水

すっきり飲みやすい

本醸造

＝

米　水

＋

醸造アルコール

純米酒とは、お米と水を原料に造られているお酒のこと。醸造アルコールは含まれていない。

本醸造酒は、原料米の総重量の10％以内の醸造アルコールを添加したお酒。醸造アルコールにもいろいろな種類がある。

SHIN JOSHIKI

6

「大吟醸＝おいしい」はもう古い！

高い方がおいしい！

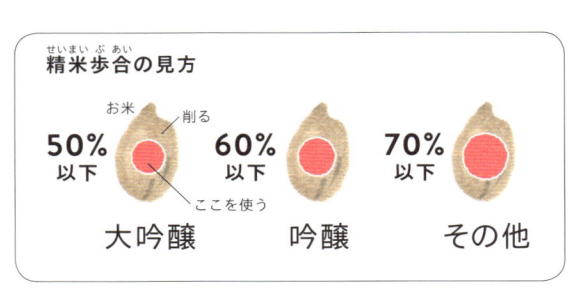

せいまい ぶ あい
精米歩合の見方

お米　　削る

50%
以下

ここを使う

大吟醸

60%
以下

吟醸

70%
以下

その他

昔と今では、精米の考えは違う

　日本酒の原料となるお米は通常約30〜70%に削って中心部だけを使い、この削り具合を「精米歩合」という。たくさん削るほど多くのお米が必要になるので価格が上がり「大吟醸」のような高級酒になる。しかし、この削り具合はあくまでも原料代の問題であり、味を保証するものではない。以前は「10%違えば味が全然違う」とされていたが、最近は新しい酵母（こうぼ）の誕生や技術の進歩により、かつてほど精米歩合に注意しなくてもよくなってきている。特別な時に飲む高級なお酒はもちろんおいしいけど、魅力的なお酒はほかにもいっぱいある。精米歩合だけで決めつけないことが大切だ。

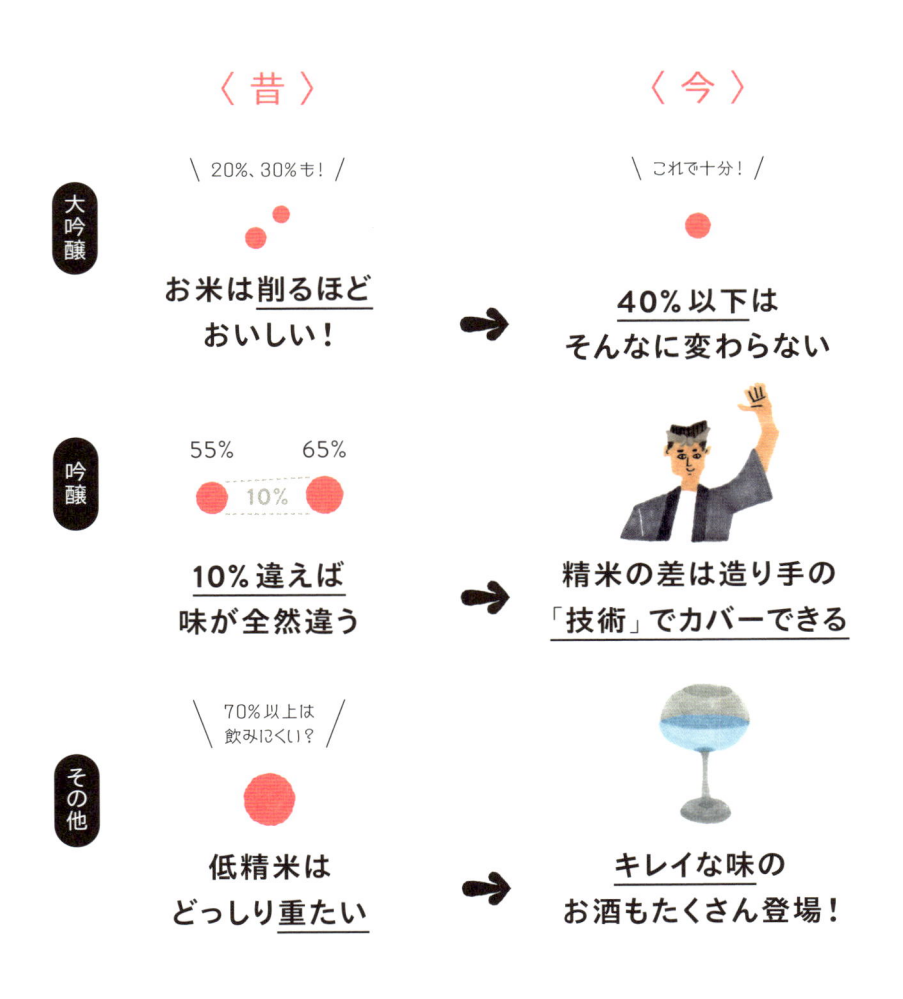

〈 昔 〉　〈 今 〉

大吟醸

＼ 20%、30%も！ ／

お米は削るほど
おいしい！

➡

＼ これで十分！ ／

40%以下は
そんなに変わらない

吟醸

55%　　65%
10%

10%違えば
味が全然違う

➡

精米の差は造り手の
「技術」でカバーできる

その他

70%以上は
飲みにくい？

低精米は
どっしり重たい

➡

キレイな味の
お酒もたくさん登場！

SHIN JOSHIKI

7 ラベルの「数値」に騙されない

酸度

アミノ酸度

日本酒度

裏ラベル

酸度：1.6

アミノ酸度：1.5

日本酒度：＋ 7.0

数値はあくまでも「造り手」のもの

　日本酒のラベルには日本酒度・アミノ酸度・酸度など「数値」が書かれている。これをがんばってチェックしている人も多いのでは？　でもその努力はもう必要ない。これは造り手が日本酒を造るときに必要な数値であって、味を説明するためのものじゃないのだ。P16でも説明した通り、日本酒の味はたくさんの要素で決まるもの。よく日本酒度はマイナスの数字が大きいほど甘口といわれるけど、マイナスでキレのよいものもあるし、逆もある。ラベルに騙されずに自分の好みを判断することが大切だ。

〈 これまでの常識 〉　　　　　　　　〈 新常識 〉

日本酒度	日本酒の甘口・辛口の目安。マイナスの数字が大きいほど甘く、プラスになるほど辛いとされる。		味に関係なし
アミノ酸度	旨みやコクを生み出すアミノ酸の量。1.0を基準に、数値が高いほど味が濃いとされる。		さほど 味に関係なし
酸度	旨みや酸みを生み出す有機酸の量を表す。1.5以上が濃厚で、それ以下は淡麗とされる。		そこまで 味に関係なし

じゃあ、何を見ればいいの？

それをこれから教えます

SHIN JOSHIKI
8

日本酒は酔いやすいはウソ

酔うのはどのお酒も同じ

　日本酒が苦手だという人の中には、「日本酒は酔いやすい」と思っている人が少なくない。しかし、日本酒のアルコール度数は15度前後。ワインより少し高く、焼酎より低い程度で、特別キツイわけではない。酔う原因として考えられるのは、単に「飲みすぎてしまう」こと。口当たりがよいためスイスイと飲みやすく、特にお猪口（ちょこ）などの小さな酒器で飲むと、飲み進めるうちに自分が飲んだ量を把握できなくなってしまう。また、水を一緒に飲まないことも大きな原因だ。

〈 日本酒が「酔う」と感じる理由 〉

飲みやすい

日本酒は口当たりがやわらかく飲みやすい。アルコール度数が15度前後あることを忘れて、ビールや水割り感覚で飲みすぎてしまう。

小さい酒器で飲んでしまう

小さなお猪口で供されると、だんだん自分が飲んだ量を把握できなくなってくる。気がついたら何杯も飲んでいたなんてことも。

和らぎ水（やわらぎみず）っていいます！

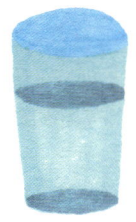

水を飲まない

水（チェイサー）を飲まずに、お酒ばかりを飲んでしまう人も多い。日本酒は水と一緒に飲むのがベスト。

SHIN JOSHIKI

9 日本酒は温度で変わる

温度変化こそ日本酒の醍醐味

「冷たいお酒は好きだけど、熱燗は飲んだことがない」という人も多いのでは？ でもそれはもったいない！ 日本酒はとても珍しい「温度で変わる」お酒なのだ。冷たいときは「キリッ」と透明感のあるお酒が、温めると思いもよらない美しい香り、旨みを花開かせることがある。しかも面白いことに、温度での味の変化は「やってみないとわからない」ことが多い。さらに人それぞれの好みによっても「おいしい」温度は異なる。どんなお酒でも、冷やしたり温めたり、いろいろ試してみよう。

冷たい

甘みや香りが抑えられ、すっきりとした味わいになる。やや刺激があってのどごしがよく、口の中をリフレッシュする。

常温

甘みや酸、苦みなど、味わいが最もニュートラルに現れる温度帯。まずはこの温度を飲んでから、冷やすか温めるかを考えたい。

温かい

甘みが強くなり、酸や苦みなどのほかの味わいを和らげる。冷たいときには感じられなかった香りが生まれることも。

SHIN JOSHIKI

「日本酒＝和食だけ」だなんてもったいない

あらゆる食事を引き立てる食中酒

「日本酒はやっぱりお刺身！ でも今日は洋食だからワインかな」なんて思っていないだろうか？ 確かに、日本酒と和食はとてもよく合う。でもちょっと思い出してほしい。日本酒は「お米」のお酒。毎日の「ごはん」は、実はどんなおかずにでも合うではないか！ 日本酒には中華やフレンチ、イタリアンやエスニックなど、あらゆる料理を引き立てるポテンシャルがあり、近年は多彩なジャンルとの自由な「ペアリング」が注目を集めている。ぜひ、毎日の食卓で日本酒を気軽に取り入れてみよう。

つまり、日本酒に「絶対」はないってこと。ゆるく、自由に、誰でも楽しめるお酒なのです。

「基本をしっかり学びたい！」という人は P177「日本酒の不思議」へ！

\ そうなんだー /

\ おいしければいいんです /

Part 1

自分の「好み」がわかる
日本酒診断

おいしい日本酒を見つけるには、
まずは自分の「好み」を知ることが大切だ。
ここでは、普段よく飲んでいるお酒から
「好み」を分析する。あなたにぴったりの
日本酒の味がきっと見つかるはず。

よく飲むお酒は どれ？

ビール
の人は
P36へ

\ 乾杯から /
ずーっとこれ！

ワイン
の人は
P38へ

\ 赤も白も /
スパークリングも！

焼酎
の人は
P40へ

\ 通はやっぱり /
お湯割りでしょ

ビール

ワイン

焼酎

よく飲むお酒から日本酒を選ぶ

　すっきりタイプから、どっしりとボディが重いタイプまで、日本酒の味は多種多様。「一体、どれがおいしいの？」と迷ったとき、「普段よく飲むお酒」が判断基準となる。たとえば白ワインが好きな人は、フルーティーな香りとさわやかな酸を持つ日本酒をおいしいと感じやすい。好みのお酒には、あなたがお酒に求めているものが表れているのだ。次のページから「ビール」「ワイン」「焼酎」「ウイスキー」「サワー」「果実酒」について、特徴を詳しく分析していこう。

ウイスキー
の人は
P42へ

サワー
の人は
P44へ

果実酒
の人は
P45へ

じっくり味わう
大人の味

すっきり爽快

やっぱり
甘いお酒が好き

ウイスキー

サワー

果実酒

↓

のどごしがあって、
飲みやすい日本酒が好み

　ビールが好きな人は、お酒に"飲みやすさ"を求める。のどごしを優先するため、爽快感・ガス感のあるスパークリング日本酒などと相性がよい。またビールには「クラフトビール」「黒ビール」など後味に特徴的なタイプもあり、こちらは爽快感とは異なる個性がある。注目したいのは余韻の長さ。たとえばラガータイプが好きな人は余韻が短くキレのある日本酒を好み、クラフトビールを好む人は余韻が長く続くものを好む傾向にある。それぞれのビールから、どのような日本酒につながるのか見てみよう。

詳しい好み分析

すっきり泡タイプ

☐ ドライタイプ

余韻が短く、飲み口がすっきりしている。炭酸ガスのシュワシュワ感が特徴のスパークリング日本酒などがおすすめ。

1甘　ガス

☐ ラガータイプ

すっきりしているが、ドライに比べて余韻がある。スパークリング日本酒、または軽くガス感のある活性タイプの日本酒などが合う。

2甘　ガス　余韻

☐ プレミアムビールタイプ

フルーツの香りがあり比較的すっきりしているが、旨みやコクも兼ね備えており、余韻もほどほどにある。味の濃い生原酒などが合う。

2甘　ガス　旨　コク　余韻　フルーツ香

後味しっかりタイプ

☐ クラフトビール

フルーツ系の香りが強く、後味がしっかりしている。このタイプの人は、フレッシュで香り高い日本酒を好きになりやすい。

3甘　コク　余韻　苦　フルーツ香

☐ 黒ビール

すっきり感を保ちながらも、コクが深く、余韻は強く長い。穀物系の香りが目立ち、より旨みの強い日本酒がおすすめ。

4甘　余韻　穀物香　コク　旨　

フルーティーな
日本酒が好み

　ワインはブドウで造られているため、ワイン好きな人は基本的に「フルーティー」な日本酒が好き。しかし同じワインでもスパークリングワイン・白ワイン・赤ワインのどれが好きかによって、好みの日本酒が変わってくる。白ワイン好きがすっきりタイプの日本酒を好むのに比べて、赤ワイン好きは複雑な味の日本酒に惹かれることが多い。さらにスタンダードなブルゴーニュと濃厚なボルドーに細分化できる。

詳しい好み分析

余韻

すっきり

フルーツ系の香り

☐ スパークリング

フルーティーな香りとほのかな酸みがあり、飲み口がすっきりしているスパークリング日本酒を選べば間違いなし。

2甘　ガス　酸　フルーツ香

☐ 白ワイン（ロゼも含む）

フルーティーな香りがスパークリングより強く、すっきり感も強め。さわやかで香り高いタイプの日本酒が好み。余韻は問わない。

3甘　酸　フルーツ香

ごはんの香り

☐ 赤ワイン（ブルゴーニュ）

フルーティーな香りはやや弱く、「ごはん」のような香りがある日本酒と相性がいい。お米の旨みを味わいたいタイプといえる。

3甘　酸　旨　ごはん香　フルーツ香

☐ 赤ワイン（ボルドー）

ブルゴーニュと同じく、ごはんの香りが少しあり、味は複雑な日本酒がおすすめ。よりしっかりとした旨みとコクを味わいたい人に。

4甘　酸　旨　ごはん香　コク

しっかり

基本的にはお酒好き。
シンプルか複雑か、2つのタイプがある

　日本酒に比べてアルコール度数がやや高い焼酎を好む人には、お酒をチビチビと楽しむタイプが多い。しかしここからが焼酎の奥深いところで、芋、麦、米、黒糖などの原材料や、常圧（味わいがしっかり）、減圧（味わいがすっきり）といった製法によって味わいがまったく異なる。特に、原材料の味・香りが強く感じられる方が好きか、あまり感じられない方が好きかという、風味の強弱は重要な判断基準となる。種類によって好みがハッキリと分かれるため、より具体的にお酒を選ぶことができる。

詳しい好み分析

お米の風味タイプ ── 風味の強弱

☐ 芋

しっかり（常圧）
このタイプの人はお米の味が強いお酒を好む。旨みと余韻が長く、香りは控えめなのがポイント。

3甘 余韻 旨 強

すっきり（減圧）
お米の味わいがほのかに感じられる日本酒が好き。さっぱりした味わいで、香りはやや弱めがおすすめ。

1甘 フルーツ香 弱

☐ 麦

香ばしい
飲みやすさより、味わい深さを重視。香りが強く、穀物の旨みと、酸み・苦みなどがある複雑な日本酒が合う。

2甘 穀物香  旨 酸 苦 余韻 強

さっぱり
香りは控えめで、味わいも比較的シンプル。お米のニュアンスがほのかに感じられる日本酒を好む。

1甘 フルーツ香 弱

フルーティータイプ

☐ 米

香りあり
フルーティーさと余韻が少しあり、お米のニュアンスが弱い、すっきりとした日本酒を好む。

2甘 フルーツ香 余韻 弱

香りなし
香りはなく、やわらかく味がふくらみ、さらにコクが感じられる日本酒がおすすめ。

1甘 コク 弱

☐ 黒糖

濃厚
穀物の香りが強く、味わいはふくらみのある日本酒と相性がよい。

3甘 穀物香 コク 旨 苦 強

やわらか
フルーティーな香りは弱めで、味はややさっぱり、ジューシーさとふくらみのあるお酒を好む傾向にある。

2甘 フルーツ香 コク 旨 苦 弱

 ウイスキー党の診断結果

濃厚で複雑な味が好み

　焼酎と同じく、お酒をじっくり味わう人が多いウイスキー党。長年にわたる樽熟成が醸し出す複雑な味わいを楽しむ素地があるため、日本酒にも味わいの複雑さや濃厚さを求める傾向にある。中でも、ボトルごとに強い個性を持つスコッチウイスキーが好きな人は日本酒にも強い個性を求め、バランスがよいジャパニーズウイスキーが好きな人は穏やかなテイストを求める。

詳しい好み分析

濃厚個性派タイプ

☐ スコッチウイスキーなど

どっしりとした味で、蒸留所や製造方法によって多様な個性を持つスコッチウイスキーファンは、強い旨みとコクを備える日本酒が合う。蔵元ごとの個性を飲み比べるのもいいだろう。

濃厚やわらかタイプ

☐ ジャパニーズウイスキーなど

味わいはしっかりしているがスコッチウイスキーに比べてクセは弱く、コクと旨みのバランスがよい。お米らしい旨みがきちんと感じられ、フィニッシュ（余韻）はやや短めの日本酒がおすすめ。

Column

ウイスキー党は「香り」に注意

香りはウイスキーを構成する大切な要素。しかし、ウイスキーの香りはピート※や樽によるものであり、日本酒が醸し出す香りとは質が異なる。香り高いウイスキーが好きだからといって、香りのある日本酒が好きになるとは限らないので注意しよう。

ウイスキー	日本酒
=	=
ピート香、樽の香り	フルーツ香、穀物香、ごはん香

<u>爽快</u>で<u>のどごし</u>のある
日本酒が好み

詳しい好み分析

☐ レモンサワー（柑橘系）

すっきり爽快な味わいで、香りは控えめ。スパークリングなど、ガス感があり飲みやすい日本酒が適している。

 1甘 酸 ガス 余韻

☐ それ以外のフルーツ

レモンサワーと同じく香りは控えめだが、強い甘みがある。フレッシュだが甘みもしっかりしている生酒などがおすすめ。

 3甘 酸 ガス  余韻

☐ 乳酸飲料（カルピス）サワー

すっきり爽快な飲み口に加え、甘酸っぱい乳酸を感じるカルピスサワー。日本酒なら同じく乳酸があり、にごりのあるお酒がいい。

 3甘 乳酸 ガス 余韻

　フルーツと炭酸のさわやかさが特徴のサワー。サワー党の人は、爽快感のあるすっきりした味わいを好む。特に、レモンやグレープフルーツなどの柑橘類のサワーをよく頼む人は、よりさっぱりとした味わいが好み。あんずサワーやりんごサワーなど、そのほかのフルーツが好きな人は、爽快感の中にも強い甘みを求める傾向にある。ちなみに、サワー党の人はお酒に強くない人も多いので、飲みすぎには十分注意が必要だ。

 果実酒党の診断結果

フルーツの甘み、酸を感じられる日本酒が好み

詳しい好み分析

☐ **梅酒**

強い酸と甘みを味わえるので、ほかの果実酒を飲む人たちに比べて、酸がしっかりとした日本酒を好む素質がある。

 3甘 **酸** 余韻

☐ **ゆず、すだちなどの柑橘系**

やや強い甘みとさわやかな香りを兼ね備え、キレがよい。フルーティーだがお米の甘みも楽しめる日本酒がおすすめ。

 **2甘**  フルーツ香 **酸** 余韻

☐ **それ以外のフルーツ**

フルーティーな香りがあり、甘みはやや強く余韻も長め。華やかな香りとお米の甘みを兼ね備え、余韻はやや長めの日本酒が適している。

 **2甘**  フルーツ香 余韻

　特に女性のファンが多い果実酒。日本酒に置き換えた場合は、強めの甘みと、長い余韻を持つお酒を好きになりやすい。また、どんなフルーツが好きかによって、タイプは少しずつ異なる。たとえば、梅酒が好きな人は、酸の強い日本酒とも相性がよい。柑橘類を好む人は、よりフレッシュさを求める。そのほかのフルーツを好む人は、甘みに加えてフルーティーな香りを重視する場合が多い。

日本酒党の考え方

細分化して好みを見つける方法

いわゆる「辛口」とはこれのこと

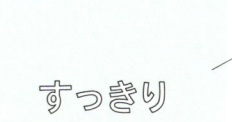

すっきりさわやか が好き

→ **透明感あり**

甘みが少なく、全体的にさっぱりとした味わいの日本酒がおすすめ。

1甘

・・・

→ **ふくよかな旨み**

口当たりはすっきりしているが、お米の甘みがほのかにふくらむ日本酒を選ぼう。

2甘 穀物香

フルーティーな香り、ジューシーな甘み が好き

→ **バナナ、パイナップルの香り**

甘みはやや強めで、やわらかいフルーツの香りが感じられるお酒。

3甘 フルーツ香

・・・

→ **マスカットの香り**

強い甘みがあるが、酸とガス感によるフレッシュさも備えているものを。

4甘 フルーツ香 酸 ガス

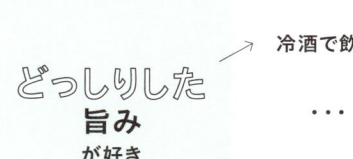

どっしりした旨み が好き

→ **冷酒で飲む**

しっかりとしたお米の旨みがあり、ほのかな甘みと酸が感じられるお酒がよい。

2甘 酸 旨

・・・

→ **お燗で飲む**

しっかりとしたお米の旨みがあり、ほのかな甘みが感じられるタイプがおすすめ。

2甘 旨

　普段から日本酒を飲むという人も、これまで"おいしい"と感じたお酒の甘み、香り、余韻などを細かく分析することで、より自分の好きな味わいを明確にすることができる。飲み口はすっきりしている方がよいのか、お米の味わいがふくらむ方が好きなのか。香りが華やかな方がよいのか、どっしりとした骨太なお酒が好きなのか……。もちろん、おいしいと感じるお酒はひとつではないだろう。好みを分析した後は、いろいろなタイプのお酒を気分によって選び分けてみよう。

#1

「日本酒診断」いかがでしたか？　各パートの間では、僕が見てきた日本酒界の裏話や、日本酒が楽しくなるちょっとしたコツなどを紹介していきたいと思います。勉強の箸休めにお楽しみください。

　さて、最初のテーマは日本酒の「トレンド」。どの世界にも流行り廃りがあるように、日本酒にだってもちろん「流行りの味」が存在します。今のトレンドはズバリ「甘くてジューシーなお酒」。昭和の辛口から徐々に甘口へと移行していたのですが、ここ10年で爆発的に増えました。理由は食文化の変化。おふくろの味といえば、一昔前までは「肉じゃが」などの和食でしたが、今お酒を飲む20代の人たちにとっては「ハンバーグ」や「カレー」など。日本人の味覚がどんどん欧米化しているのです。このため従来の和食によりそうお酒では物足りなく感じ、甘みと飲みごたえのあるお酒が好まれるようになったと思われます。

甘

洋食に負けない
フルーティーな
甘さが人気

#2

マヨネーズで「酸」のお酒が増える

　現代の味付けの代表格といえるのが、「マヨネーズ」。これに合うお酒は「酸」があるタイプ。実は少し前までは「酸はダメ」が日本酒界の常識でしたが、今の若い人たちは、乳酸に近い「酸」こそがおいしいと感じるようです。おそらく、この流れはしばらく続くのではないかと思います。その後？　僕の予想では「やわらかい旨み」のあるお酒がきそう。強すぎず、疲れず、スイスイ飲めるものが、最後には長く愛されるのではないでしょうか。

〈 日本酒の流行 〉

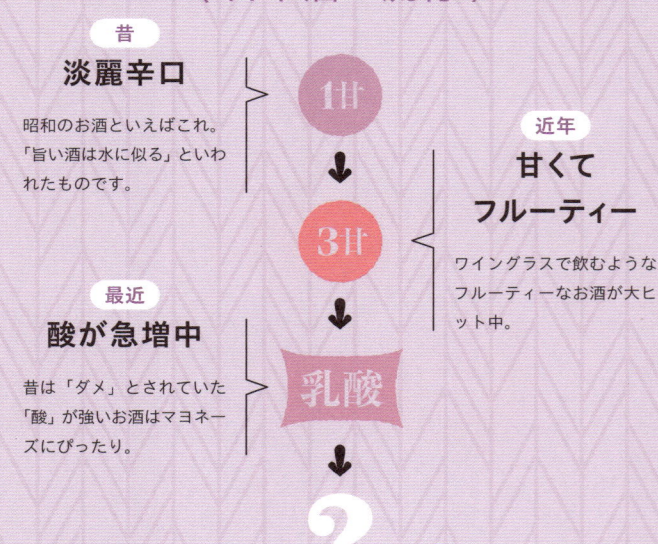

昔
淡麗辛口
昭和のお酒といえばこれ。「旨い酒は水に似る」といわれたものです。

1甘
↓
3甘
↓
乳酸
↓
？

近年
**甘くて
フルーティー**
ワイングラスで飲むようなフルーティーなお酒が大ヒット中。

最近
酸が急増中
昔は「ダメ」とされていた「酸」が強いお酒はマヨネーズにぴったり。

Part 2

お店で
日本酒を選ぼう

「日本酒を飲みたい」と思ったら、まず訪ねたいのが
日本酒自慢の居酒屋さん。でも、初めての
お店に入るのはちょっと勇気がいるもの。
ここでは飲食店の選び方から注文のポイントなど、
お店でのお酒の楽しみ方を解説しよう。

まずは飲み屋さんを選ぼう

　多くの人気銘柄が誕生し、多種多様な楽しみ方が広がっている今日このごろ。日本酒を扱う飲食店の数もどんどん増えてきている。日本酒専門の本格的なお店だけではなく、カジュアルにお酒を楽しめるお店も多く、バルや飲み放題店、意外な料理とのマッチングを提供するお店など、業態やコンセプトは様々だ。それぞれの特徴を押さえながら、シーンや目的に合わせて賢くお店を選ぼう。

おいしい日本酒なら
まずはココ！

カジュアルだけど
本格派

1
地酒専門店

日本酒専門と謳っているところは、質のよいお酒やレアなお酒を扱っている確率が高い。食事も日本酒の魅力を引き出すこだわりのメニューを提供している。店主のこだわりごと味わいたい。

| お酒の種類 | 日本酒 |
| POINT | 日本酒のプロがいる |

2
日本酒バル／日本酒バー

「日本酒」とモダンな雰囲気の「バル」を組み合わせたお店。ハードルを高く感じがちな日本酒をカジュアルな雰囲気で気軽に楽しむことができる。ラインナップも豊富だ。

| お酒の種類 | 日本酒 |
| POINT | カジュアルに日本酒を楽める |

「角打ち」とは？

酒販店の店内に設けられたスペースで立ち飲みすることを「角打ち」という。リーズナブルにお酒を楽しめるうえ、気に入ったお酒を購入して持ち帰ることもできる。バーのようなスタイリッシュなお店も。

お酒の種類
日本酒、焼酎、ビールなど

POINT
安価に日本酒を楽しめる

フランス料理に
日本酒!?

セルフサービスの
新しい風！

3

異ジャンルレストラン

フレンチ×日本酒、エスニック×日本酒などのユニークな組み合わせを提案。「日本酒＝和食」という固定観念を覆し、斬新でユニークな日本酒の楽しみ方を発見させてくれる。

お酒の種類 日本酒、ワインなど

POINT 食事との新たな
ペアリングに出合える

4

定額制日本酒店

一定の料金を支払うことで、店内の日本酒を好きなだけ飲み比べることができる新スタイル。冷蔵庫から自分でお酒を取り出すセルフサービス方式が多く、フードは持ち込みOKというお店も。

お酒の種類 日本酒

POINT 日本酒を飲み比べできる。
フード持ち込みOKの店も

こだわりの地酒店を見分けるコツ

　数あるお店の中から魅力的なお店を見つけるには、どこに注目すればいいのだろうか。ヒントの1つがお店の前に並ぶお酒の「瓶」。「テレビや雑誌で見たことがある瓶ばかりだから間違いなさそう」と思いそうだけど……ちょっと待った。テレビや雑誌と同じなら、それは「流行」を追っているだけかもしれない。お金を払ってプロのお店に行くのなら、店主の「こだわり」の味を楽しみたいもの。いろいろな瓶が並ぶ中で「見たことない!」ようなものが混ざっていると、自然と期待値が上がる。

☑ **Check point**
瓶のディスプレイ

☑ **Check point**
張り紙のメニュー

この雑誌と
まったく同じだ

有名雑誌に載っているラインナップをただ揃えているだけ……というお店も少なくないのが実情だ。

初めてのお店の楽しみ方

　初めてのお店へ行くときは、つい緊張してしまうもの。メニューに知っているお酒がないと、何を頼めばよいかわからず不安になってしまうかもしれない。しかし、知らないお酒があるということは、今まで飲んだことがない日本酒に出合える絶好のチャンス。しかも、迎えてくれるホストは日本酒の深い知識を持つプロフェッショナル。素直に相談すればどんなお酒があなたにぴったりかを丁寧に教えてくれるはず。おいしい日本酒を求めるなら、お酒との出合いにワクワクする気持ちを持つことが大切だ。

どうしよう……
知っているお酒がない。
何と読むのかも
わからない……
失敗したかも。

初めて見るお酒が
たくさんで楽しみ。
読めないから
指差し注文で
どんどん試してみよう。

知っている銘柄だけを求めていては、おいしいお酒に出合う機会を逃してしまう。

見たことがない銘柄があったらラッキー。新たなお酒との出合いを求め続けよう。

メニューからお酒を想像しよう〈スペック〉

　スペックとは、「大吟醸」「純米」といったお酒の製法を表しているもので、お酒の「性質」のこと。多くの地酒店では、お酒のメニューに銘柄と価格、そして「スペック」が書かれている。このスペックを見れば、たとえそのお酒を飲んだことがなくても大まかな味わいを想像することができるのだ。スペックとはあくまでも「傾向」を表すものなので、価格が高い「大吟醸」＝スペックが高くておいしい、安い「本醸造」＝スペックが低くて劣るというわけではないのをお忘れなく。

同じ銘柄の中から、異なるスペックのボトルを複数種揃えているお店も多い。

〈 スペックごとの特徴 〉

値段の目安	スペック	イメージ	特徴
高 ↑	大吟醸　純米大吟醸	透明感あり？フルーティー？	お米の大部分を削る純米大吟醸・大吟醸は、雑味がなく、透明感のある味わいになりやすい。フルーティーな香りがするものも多い。
	特別純米　純米吟醸	バランスがいい？幅広い味がある	香りと味わいのバランスがよい純米吟醸・特別純米。飲みやすいものからコクのあるものまで、タイプは幅広い。
	純米	コクがある？しっかりした味わい？	純米はそれほど精米をしていないため、お米本来のしっかりとした甘みとコクを感じられるものが多い。
↓ 安	本醸造	すっきり飲みやすい？	本醸造は醸造アルコールが添加されているため、キレのある味わいになる傾向にある。口当たりはすっきりとしており、飲みやすい。

もちろん例外もたくさんあります

メニューからお酒を想像しよう〈地域〉

「新潟県は淡麗辛口な日本酒が多い」といった、土地ごとのお酒の特徴を耳にしたことはあるだろうか。飲食店のメニューには、その日本酒の産地が書かれていることがあるが、そこからお酒の味わいを想像することもできる。流れる水の性質や、お酒を醸造する蔵の環境、杜氏のスタイルなど、各地が持つ地域性は、その土地のお酒に様々な特徴を与えてきた。次のページから、代表的な生産地のお酒の特徴を見ていこう。

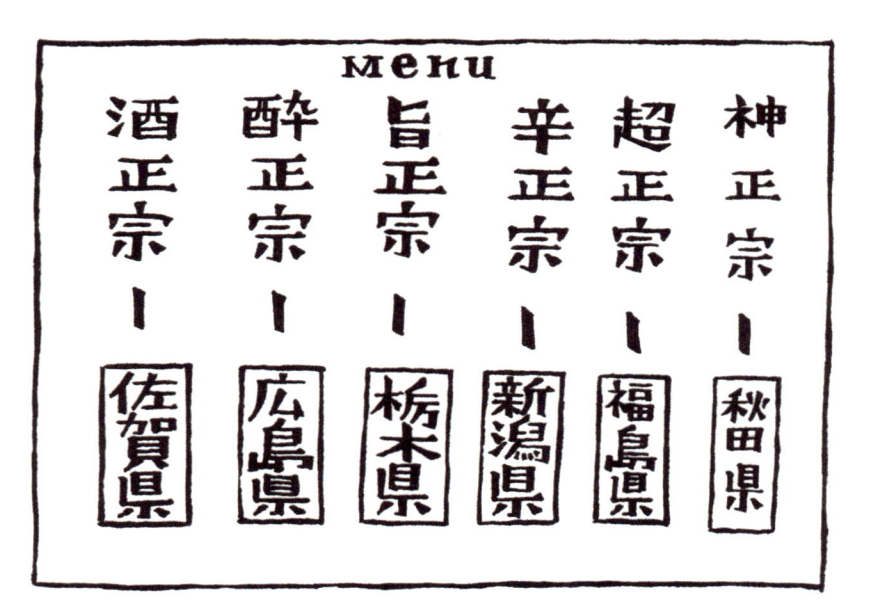

Column

「地」酒の個性は減ってきている

地酒にはかつて、その土地の気候や杜氏ならではの明確な特徴があった。しかし、近年は技術の発達により、一つ一つの蔵元が多種多様なタイプのお酒を醸造することが可能になってきている。地域ごとの特徴は、あくまで大まかな傾向としてとらえよう。

〈 代表的な生産地とそのタイプ 〉

東北エリア

雄大な自然と寒冷な気候という条件に恵まれた東北エリア。全国最多人数を誇る南部杜氏の拠点でもあり、古くから良質な日本酒を生み出し続けてきた日本酒界の強豪がひしめく。

秋田県
Akita

どっしりとした骨太タイプから、趣向を凝らしたモダンな日本酒まで多種多様。

主な銘柄

「新政」「刈穂」「山本」

山形県
Yamagata

良質な天然水が醸し出す、雑味のない味わいが特徴。お米の旨みも兼ね備えている。

主な銘柄

「楯野川」「十四代」

宮城県
Miyagi

地域柄、魚介類に合うものが多く、透明感がある。一般米も積極的に取り入れている。

主な銘柄

「伯楽星」「黄金澤」「日高見」

福島県
Fukushima

お米のやわらかい甘みが味わえる。伝統を守りながらも、各蔵が独自の味を追求している。

主な銘柄

「口万」「奈良萬」「寫樂」

Column

日本酒の本場は北国 !?

東北や北陸などの北国には、歴史ある蔵元が集中している。冷房設備のなかった時代、これらの地域の寒冷な気候が酵母の発酵に適していたからだ。さらに、北国では雪の降る時期に農作業ができなかったため、冬場は日本酒造りに専念していたという理由もある。

北陸・関東
甲信越エリア

酒蔵数全国1位の新潟県と2位の長野県を擁する。全国的には淡麗タイプが多いが、同じ県内でも標高や地理条件に差があるため、多様な酒質が共存している。

新潟県
Niigata

淡麗辛口ブームの発祥地。すっきり系が多いが、近年は異なるタイプも増えている。

主な銘柄

「鶴の友」「村祐」
「高千代」

石川県
Ishikawa

幅広いタイプのお酒があるが、伝統的な造りを重んじ、骨太な味わいを醸す蔵元が多い。

主な銘柄

「天狗舞」「宗玄」
「菊姫」

長野県
Nagano

水源に恵まれ、酒造好適米「美山錦」の産地としても有名。香りとお米の甘みのバランスがよい。

主な銘柄

「川中島 幻舞」
「十六代 九郎右衛門」

栃木県
Tochigi

香りがしっかりとしていて、味のバランスがよい。長野県と傾向が似ている。

主な銘柄

「松の寿」「若駒」
「辻善兵衛」

Column

日本酒の味を決める「水」の違い

日本酒の成分の約80%を占める水は、お酒の味を決める最も大切な要素。軟水や硬水、酸性やアルカリ性など、その土地に流れる水の性質が、地域ごとの味わいの傾向を生み出している。「名水あるところに名酒あり」と言っても過言ではない。

兵庫県
Hyogo

生産地は灘五郷（なだごごう）が有名。雑味がなくてキレがあり、食中酒に適したお酒が揃う。

主な銘柄

「富久錦」「竹泉」
「播州一献」

京都府
Kyoto

伝統的な京料理に寄り添うような素朴な味わいの日本酒が多い。

主な銘柄

「蒼空」「玉川」
「月桂冠」

近畿エリア

清酒発祥の地とされる正暦寺がある奈良県をはじめ、日本酒の長い歴史を持つ関西地方には生産量1位の兵庫県と2位の京都府が並ぶ。お米の甘みとコクを楽しめるタイプが多い。

奈良県
Nara

口当たりは飲みやすいが、しっかりとしたお米の味も兼ね備えている。

主な銘柄

「風の森」「篠峯」
「花巴」「睡龍」

中国エリア

日本海側の山陰エリアと瀬戸内海側の山陽エリアで特徴が分かれる。全体を見ると、濃い味付けの料理にも負けない旨口タイプのお酒がそろっている。

山陰
Sanin

良質な酒米に恵まれたエリア。ふくよかなお米の旨みが味わえる。

主な銘柄

「開春」「王祿」「日置桜」
「出雲富士」「十旭日」

山陽
Sanyo

旨口のお酒が揃うが、山陰と比べるとややすっきりとしている。

主な銘柄

「酒一筋」「御前酒」
「東洋美人」

Column

四国・九州はジャンルレス！

モダンなお酒から伝統的なお酒まで実にバラエティー豊か。個性的な蔵が集まるこのエリアはひとくくりにできない魅力がある。

四国:主な銘柄

「酔鯨」「石鎚」

九州:主な銘柄

「鍋島」「七田」
「田中六十五」

お酒を注文してみよう

「おすすめをください」……お店でついつい言ってしまいがちなのがこのワード。しかしPart1で自分のタイプを分析したように、人の「好み」は様々だ。せっかくなので、自分好みの日本酒に出合えるように少しがんばってオーダーしてみよう。自分の好きなお酒を頼むには「コツ」がある。それが「好みのお酒のタイプ」と「食べたい料理」を伝えること。2つのキーワードによってお店の人がぴったりなお酒を具体的にイメージしやすくなる。おいしいお酒の秘訣は人と人とのコミュニケーションなのだ。

おすすめ
ください

NGワード

「おいしい」と感じる味は人それぞれ。その人の好みを知らない段階でおすすめを提案するのは難しい。

〈 注文に役立つ2つのワード 〉

好みのタイプ

「こんな日本酒が好きでした」と、自分の好みの味を説明する。または普段飲むほかのお酒でもOK。

Part1の
結果も参考に!

合わせる料理

「この料理に合うお酒を教えてください」と、料理にひもづけてお酒を提案してもらう。

〈 注文の実践例 〉

すっきりしたお酒が好みなのですが、
焼き魚に合うお酒はありますか？

すっきりしつつもややふくらみがある
こんなお酒が合いますよ。

おいしい！
次は肉じゃがも
食べたいです。

この味が好みなのですね。
もう少しだけしっかりした
こんなお酒はどうですか？

まずは好みを説明しながら、「焼き魚」に合うお酒を注文。店員さんが「焼き魚」に合う中でも比較的「すっきりしたお酒」を出してくれた。2品目には「肉じゃが」を注文。1杯目のお酒が気に入ったため、その味を基準にして、より「肉じゃがに合うお酒」を提案してくれた。

お燗を頼んでみよう

　日本酒専門店の中には、お燗を看板に掲げているお店がある。お燗はお酒の持つ味わいだけではなく、つける人の技術や個性が表れる魅惑的なお酒。店主が「おいしい」と感じる味を追求するために、つけ方や注ぎ方、燗をつける機器や酒器にいたるまで、徹底してこだわるところもある。P60では自分の好みや料理からオーダーする方法を紹介したが、お燗のときは銘柄ではなく「お燗をください」と言うのがおすすめ。一緒に料理を注文すると、それに合わせたお酒を適温に「調理」して提供してくれる。

棚に陶器の酒器がたくさん並んでいるお店は、お燗が自慢である可能性が高い。

お燗を得意とするお店は「燗どうこ」などの燗つけ器にもこだわっている。

〈 冷やとお燗の考え方 〉

\ 銘柄を覚えよう /

お酒の
個性を楽しむ

冷や（常温）はそのお酒の本来の味がわかる温度帯。蔵ごと、お酒のスペックごとの個性が楽しめる。

\ お店で覚えよう /

店主の
腕を楽しむ

お燗は、そのお酒自身が持つポテンシャルに加えて、店主の技量やこだわりも楽しめる。

水は必ず飲もう

　日本酒を飲むとき、チェイサー（和らぎ水）を一緒に飲んでいるだろうか。日本酒は、飲みやすいことからチェイサーなしでスイスイ飲んでしまう人も多く、飲食店でさえ水を出さないところもある。しかし、日本酒のアルコール度数は15度前後とワインよりも高いことを忘れてはいけない。水を飲んで体内のアルコールを薄めることで、酔いを和らげる必要がある。また、料理やお酒を変えるときに、口の中を洗い流す効果もある。チェイサーの水は冷やしすぎず、常温またはぬるめがいい。

効果 **1**
口内をリフレッシュする

直前に食べたものや飲んだお酒が口内に残っていると、次に飲むお酒の味に影響を与える。水を飲んで口の中をリセットしよう。

効果 **2**
酔いすぎ防止

日本酒は飲みやすいが、アルコール度数が15度前後と高め。お酒と同量の水を飲むことで、体内のアルコールの量を調整することができる。

〈 水と酒の関係 〉

上／料理2の前に水を飲まなかったため、口の中でお酒1の味が混ざってしまった。
下／料理1と料理2の間に水で口の中をリセットしたおかげで、それぞれのペアリングを楽しめた。

1杯の量を知ろう

徳利（とっくり）とお猪口（ちょこ）をセットで出すところや、小さめのグラスに注ぐところなど、1杯の量はお店によって様々。「まだ○杯目だから大丈夫」と思っていたら、いつもよりも酔ってしまった……という経験をしたことがある人も多いのではないだろうか。日本酒を飲むときに使われる酒器は、ざっくりと下記の3パターンに分類できる。飲みすぎを予防し、おいしくお酒を飲むために、杯数ではなく正解な量を把握しよう。

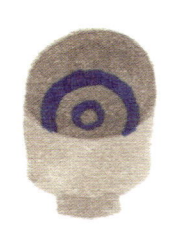

1合＝約180mℓ

かつて、日本酒を飲む際に常用されていた枡1杯分に値する量。日本酒用グラスの多くがこの量に設定されている。

一般的なグラス ＝80〜120mℓ

近年、飲食店で多く取り扱われているやや小さめのグラス。少量ずつ注文できるので、いろいろな種類のお酒を楽しむことができる。

2〜3勺（しゃく）＝ 約36〜55mℓ

徳利からお酒をシェアするときに使うお猪口には様々なサイズがある。飲みすぎてしまいそうになるが、3〜5杯で1合と覚えておこう。

Column

「もっきり」の飲み方

枡にグラスを入れて日本酒をなみなみと注ぐスタイル。①グラスを持って飲む②グラスの中身が減ったら枡に残っているお酒をグラスに移して飲む（枡から直接飲んでもよい）ことが一般的。ルールはないが、一度手にしたグラスは枡に戻さない方が衛生的だろう。

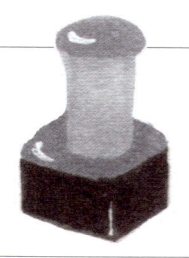

飲み順の基本ルール

　日本酒を何杯か飲む場合は、初めにすっきりした軽いお酒を飲み、次第にしっかり濃厚なお酒へシフトしていくとよい。素面のうちは飲みやすいものからスタートし、後半はペースを落としてじっくりと味わうスタイルだ。また、すっきりとしたお酒は食事の前半に出てくる前菜などと相性がよく、しっかりとしたお酒は後半に出てくる肉料理などとマッチする。料理に合わせることを考えても、すっきり系からしっかり系へ飲み進めるのがベターだ。

〈 飲み始め 〉　　〈 後半 〉

1杯　2杯

すっきり

初めは飲みやすいすっきりタイプのお酒から。食事の前半に食べることの多い前菜や刺身などのさっぱりとした料理にも合う。

3杯　4杯

しっかり

後半はボディがしっかりしたお酒をじっくりと味わう。メインディッシュの肉料理などと合わせても、食後酒として楽しんでもよい。

**飲み疲れたらあえて
すっきり系へ**

飲み進めるうちにお酒を重たく感じてきたら、一度すっきり系に戻るとリフレッシュできる。

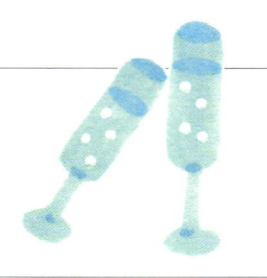

自分で料理と合わせてみよう

　お米と水でできている日本酒は、様々なジャンルの料理によりそう万能酒。料理と合うお酒を考えるコツは、お酒と料理の相性のよさをイメージすること。お酒と料理の特徴を分析しながら、「ケンカしない（一方が他方を消してしまわない）」ものをセレクトしよう。また、料理をイメージするときは肉や野菜といった「素材」だけではなく、料理の全体をまとめる「味付け」にも注目すると、よりわかりやすい。

コツ1
〈 お酒と料理の「仲」をイメージする 〉

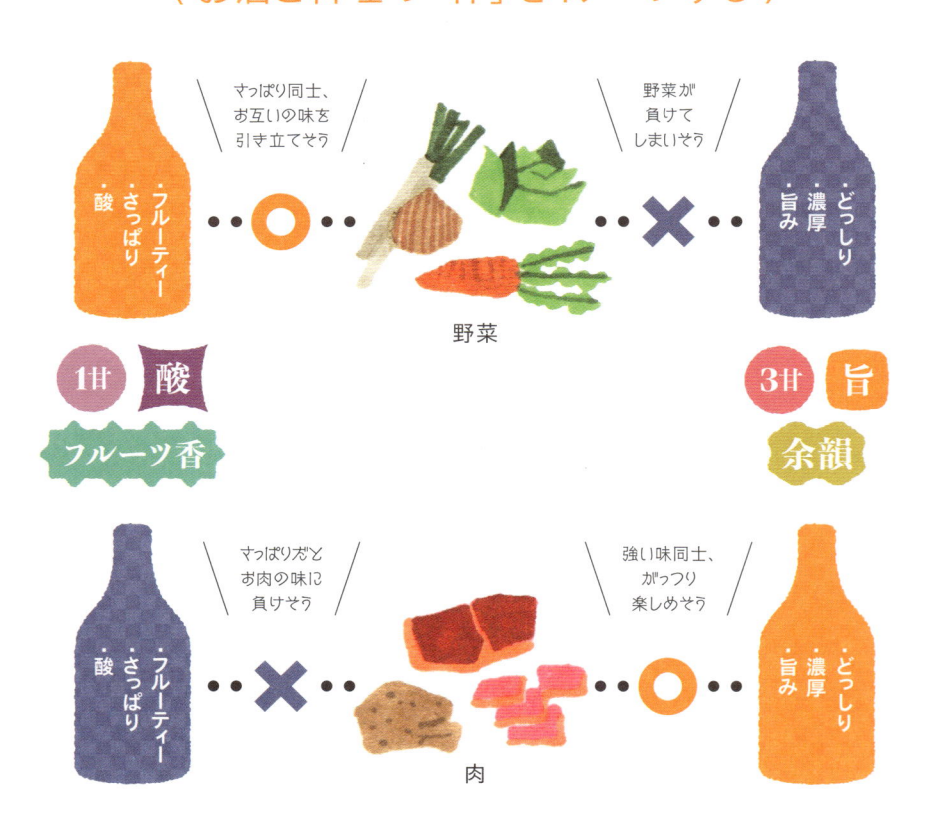

野菜はさっぱりした日本酒と相性がよく、味が濃いお酒を合わせると料理の味が消えてしまう。
一方、肉はさっぱりしたお酒が負けてしまうが、味の濃いお酒とはバランスがよい。

コツ2
〈「味付け」に注目する〉

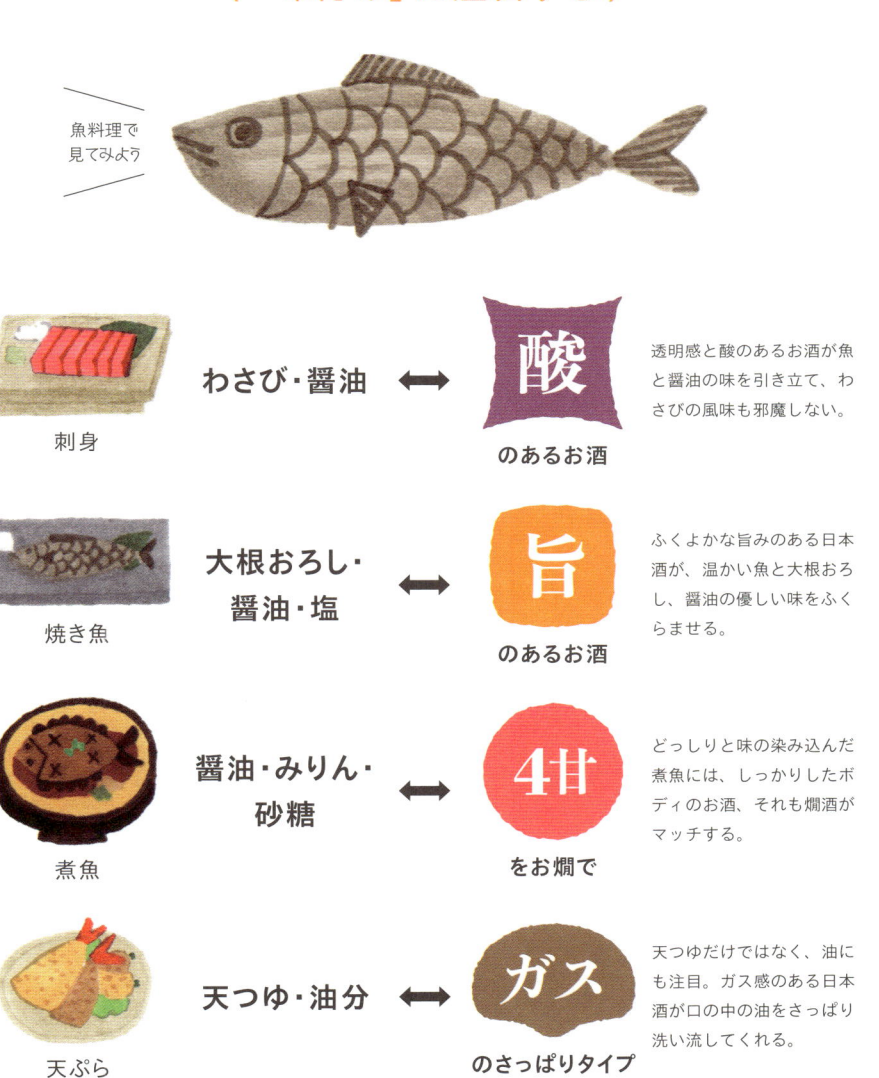

魚料理で
見てみよう

わさび・醤油 ⬅➡ **酸** のあるお酒

刺身

透明感と酸のあるお酒が魚と醤油の味を引き立て、わさびの風味も邪魔しない。

大根おろし・醤油・塩 ⬅➡ **旨** のあるお酒

焼き魚

ふくよかな旨みのある日本酒が、温かい魚と大根おろし、醤油の優しい味をふくらませる。

醤油・みりん・砂糖 ⬅➡ **4甘** をお燗で

煮魚

どっしりと味の染み込んだ煮魚には、しっかりしたボディのお酒、それも燗酒がマッチする。

天つゆ・油分 ⬅➡ **ガス** のさっぱりタイプ

天ぷら

天つゆだけではなく、油にも注目。ガス感のある日本酒が口の中の油をさっぱり洗い流してくれる。

ひとつの素材に合うお酒は一種類とは限らない。同じ魚でも、さっぱりとわさび醤油で食べる刺身と、甘辛い煮汁が染み込んだ煮魚とでは相性のよいお酒は異なる。いろいろ試してみよう。

調味料と日本酒の相性

　ここでもう一歩ふみこんでみよう。下記は、砂糖や塩、醤油といった代表的な「調味料」と、それにマッチするお酒の関係性。これを覚えておけば、「魚＝○○」といった単純な合わせ方ではなく、よりおいしいペアリングを楽しめるのだ。しかも、調味料とお酒の相性を知っていれば、ただ「合う・合わない」だけではなく、「料理に甘さが足りないから甘いお酒」という風に、味をプラスする妙技もできる。これで日本酒がグッとおいしくなるのだ。

調味料　　　日本酒

砂糖 ＋ **甘** の強いお酒 ＝ **フルーティーになる**

甘みの強い日本酒は、砂糖との相性がよい。フルーティーな香りの日本酒に砂糖を合わせると、フルーツのような華やかな風味になる。

塩 ＋ 甘 酸 苦 香 **複雑な味のお酒** ＝ **優しくなる**

ミネラル分を多く含む硬水で仕込んだ「複雑な味」のお酒は、塩気の強い料理と合わせるとよい。塩気が和らぎ、優しい味になる。

酢 ＋ **酸** のあるお酒 ＝ **優しくなる**

酸を強く感じるお酒には、酢を合わせるといい。酸み同士を重ねることで調和が生まれ、優しい味になる。

醤油

濃口（東日本）

1甘 2甘

すっきりしたお酒

薄口（西日本）

コク

まろやかなお酒

味がやわらかく

東日本の醤油は塩気が強いものが多い。すっきりした日本酒を合わせることで、醤油の塩辛さをやわらげることができる。

風味が広がる

西日本の醤油は淡くまろやかなものが多い。コクのあるまろやかな日本酒と合わせることで、醤油に秘められた繊細な風味が広がる。
※主に関西の醤油

味噌

同じ生産地のお酒

一体感が生まれる

味噌と日本酒は、同じ生産地のもの同士の相性がよい。仕込みに使う麹菌（こうじきん）が似ていることが多いため、味わいに一体感が生まれやすい。

マヨネーズ

乳酸

乳酸を感じるお酒

まろやかになる

酸の中でも、カルピスのような「乳酸」の味があるお酒と合わせると、マヨネーズのくさみが緩和され、まろやかになる。生酛（きもと）・山廃（やまはい）などのお酒がおすすめ。

プロのペアリング術

　お酒と料理の関係について学んだ後は、竹口マスターが日々研究しているという、様々なメニューとの「ペアリング」を試してみるのもいいだろう。あえて異なる味のお酒を合わせることでアクセントが加わり「新しい味」を発見できる。また同じお酒でも温度によって合わせ方を変えることで、より奥深い調和を楽しめるだろう。竹口マスターの実験ノートをヒントに、和・洋・中の料理と日本酒の楽しみ方を考えてみよう。

〈 ペアリングのコツ 〉

「温度」で合わせる

冷たい料理には冷たい日本酒、常温には常温、温かい料理には熱燗、と覚えておこう。

苦手な味は「熱」で隠す

辛み、苦み、渋みの強い料理は熱燗が合わせやすい。熱いお酒を飲むと苦みなどを察知しづらくなるのだ。

2種の「酸」を使い分ける

動物性の脂を流すなら「酢」のような縦に伸びる酸、植物性脂なら横に伸びる「炭酸」のような酸がいい。

あえての「ズラし」で驚きを

「淡い味には淡いお酒」と思いがちだが、あえて濃いお酒を挟むことでアクセントが生まれることもある。

意外な発見も多いのですよ

〈 竹口流ペアリングノート 〉

 **和 食**　日本酒といえばやっぱり和食。ほっと落ち着くダシの味から、唐揚げなどの居酒屋メニューまで。

若鶏の唐揚げ　**＋**　 **酸** **酸**　**2つの酸があるお酒**

口の中で縦に伸びるすっぱい酸が肉汁と合い、炭酸のような横に伸びる酸が揚げ油を洗い流す。2つの「酸」があるお酒を選ぼう。

 本書なら 開春（→P158）

イカの一夜干し　**＋**　 **乳酸**　**乳酸のあるお酒**

イカ本来の風味を生かすため、香りは目立たないタイプを。さらにマヨネーズを付けることを考えるとやや「乳酸」を感じるお酒がいい。

 **カラスミ**　**＋**　 **1甘** **旨**　**甘さ控えめ。にごり酒も**

特有の香りと濃厚な味があるので、キリッとしたお酒や、お米の「旨み」がふくらむタイプのお酒とよく合う。甘さ控えめなにごり酒もおすすめだ。

 **おでん**　**＋**　 **酸**　**酸のあるお酒**

おでんといえば、旨みが優しく広がる練り物。旨みと一緒に油分も出てくるので、それを洗い流す「酸」のお酒がおすすめ。

 本書なら 近江藤兵衛（→P150）

 **焼き鳥**（タレ）　**＋**　 **3甘** **旨**　**旨みのあるふくよかなお酒**

ベースとなるタレの濃度と同等、もしくは少々抑え気味の「旨み」がある、ふくよかなお酒を選ぶとぴったり合う。

 焼き鳥（塩） ＋ 甘 酸

繊細で酸の強いお酒

塩気と鶏肉ならではの脂の風味を生かすため、全体的には繊細でありながらも「酸」の強さを感じるお酒がおすすめ。

 寿司 ＋ 旨

旨みと透明感のあるお酒

お寿司全般に寄り添いやすいお酒は、「旨み」と「透明感」を持つタイプ。赤魚や青魚、貝類などで合うお酒は変わってくるが、ベースはこれでOKだ。

 生牡蠣 ＋ 酸

すっぱいお酒

牡蠣と日本酒は好相性のため、基本的にはどんなお酒でもOK。味のアクセントを楽しむならすっぱい「酸」のお酒がいい。

本書なら 龍勢（→P160）

洋食

ワインなどと楽しむことが多い洋風メニューには、近年人気の「酸」や「ガス」のお酒が合わせやすい。

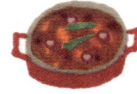 ラタトゥイユ ＋ 乳酸

乳酸多めのお酒

トマトの酸が特徴的な料理のため、「乳酸」を感じるようなお酒を組み合わせると、ほどよくクリーミーな味わいになる。

 レバーパテ ＋ 旨 酸

旨みのあるバランス型

レバーの風味を受け止める日本酒がよい。軽すぎず、重すぎず、それでいて奥深さのある「旨み」と「酸」を感じるお酒がおすすめ。

 鴨のコンフィ ＋ ガス 酸

ガス感と酸のあるさわやかなお酒

カリッとした香ばしさを生かすならば、さわやかなお酒がいい。肉汁をほどよく広げて後味をよくするため、「ガス感」と「酸」のあるタイプが好相性。

 **ムール貝の蒸し焼き** ＋ **酸** or **香**

酸または香りがあるお酒

繊細な「酸」が特徴で、口の中で穏やかに広がるお酒が合う。ニンニクやタイム、ローリエなどを使っている場合は「香り」高いお酒と合わせても面白いだろう。

本書なら 白岳仙（→P147）

 **白身魚のカルパッチョ** ＋ **酸**

さわやかなお酒

素材のさわやかな風味に寄り添うため、お酒もさわやかタイプを。キリッとした「酸」がオリーブオイルをシャープにし、よりエッジの効いた味わいにしてくれる。

 **ブイヤベース** ＋ **乳酸** **コク**

乳酸とコクのお酒

トマトの風味＆魚介類の旨みの料理。ここは「味のちょい足し」の感覚で、料理にない「酸」やミネラル由来の「コク」のあるお酒を合わせれば全体がまとまる。

中華・エスニック

日本酒と楽しむ印象がないこれらの料理。個性が強いのでケンカさせないことが大切。

 **エビチリ** ＋ **2甘**

ソフトなお酒

豆板醤やケチャップ、ごま油などの風味が強いので、濃厚なお酒だと重くなってしまう。料理の味をさらに広げるようなソフトなお酒がいい。ガス感は不要。

 **餃子** ＋ **酸**

酸の効いたうすにごり

肉汁の旨みを消さず、さらにタレのクセとぶつからないようにするためには「酸」のお酒がいい。具材によっても選択肢は増える。

本書なら 篠峯（→P152）

 **スパイスカレー** ＋ **旨** **甘** **苦** **酸** **コク**

ブレンドもあり？

様々なスパイスの個性と絡められるように、お酒も複雑なタイプがいい。どうしても合わせづらい場合はお酒をブレンド（P131）して足りない味を補填するのも手。

同行者のクセを見る

　酒場での振る舞いは、その人の飲みグセを表している。たとえば、グラスを持つ位置によって、普段どんなお酒を飲んでいるかがわかる。グラスの中央を持つ人はのどごし派のビール党なので、よりすっきりとしたお酒を好み、底の方を持つ人は日本酒を飲み慣れているので、じっくりと味わえるお酒を好む。同行者のクセからおいしいと思うポイントを想像しておすすめすることで、酒場の楽しみはさらに広がる。

〈 グラスの持ち方を見る 〉

中央を持つ人

ビール党

ビールやサワー、焼酎の水割りなど、お酒にのどごしを求める人はグラスの中心部を持つ。

底の方を持つ人

日本酒好き

普段から日本酒を飲む人は、グラスの下の方を持つ。お酒を手で温めたり、指のにおいで風味を邪魔したりしないクセがついている。

全体に指を添わせる人

ただの呑兵衛

グラス全体に指を添える人は、絶えずお酒を飲んでいたい呑兵衛タイプ。この相手と飲むときは……覚悟しよう。

〈 飲むスピードを見る 〉

速い人

↓

派手なお酒が好き

ピッチが速い人は、ひと口目の印象を大切にするタイプ。吟醸酒や無ろ過生原酒など、香りや甘みが強いお酒を好む傾向にある。

遅い人

↓

味に変化のある
お酒が好き

チビチビと楽しむ人は、日本酒の味わいに奥深さを求めるタイプ。料理との相性や、温度によるお酒の味の変化を楽しむ。

Column

注意！気分が優れない人の合図

女性

脚を組み替える

何度も脚を組み替えるのは「飽きた」「帰りたい」のサイン。もし口説こうなんて考えていたら、脈はない。

男性

壁にもたれる

気分が悪く、疲弊している状態。これ以上お酒を注文しようとしたら止めてあげるのが優しさだ。

お酒を飲むと本音が出るのですね

酒場のマナーを学ぼう

　雑誌で覚えた日本酒の知識を得意げに披露したり、酒瓶をベタベタ触ったり、苦手なお酒の悪口を話したり……。飲食店で、こんなことをしてしまったことはないだろうか。どんなに日本酒を愛していても、周りを嫌な気持ちにさせてしまうのはNG。下記の例をチェックして、酒場の空気を乱さないよう注意しよう。お店やほかのお客さんにとって"よいお客さん"になることで、酒場を100%楽しめるようになるのだ。

これは嫌われる酒場のモンスター

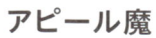

アピール魔

雑誌や書籍で得た情報を語り、「自分はお酒に詳しい」とアピール。誤った知識を披露してしまい、赤っ恥をかくことも。

勝手に瓶を触る魔

ラベルを見たり、写真を撮ったりするために瓶を触る。日本酒は温度変化や光に弱いため、お店の人に聞きながら適切な扱い方を。

お店では素直が一番！

飲食店のスタッフは、日本酒のプロフェッショナル。「これはどんなお酒？」「おすすめの飲み方は？」とたくさん質問すれば、今まで知らなかった日本酒の情報をたっぷり教えてくれるだろう。素直な姿勢が、あなたの日本酒ライフをさらに充実したものにしてくれる。

お酒は楽しいものなんですよ

まだ開けていないお酒じゃなきゃイヤ！

冷蔵庫にある、ソレ！ソレを開けて

この蔵はもうダメだな

このお酒はまずい！バランスも悪いし苦い！

彼女にぴったりの甘いお酒を……

口開け魔 （くちあけ）

「口開け（開栓したて）」のお酒ばかりを求める。開けたてが必ずしもベストの状態とは限らないので、基本はお店の人にまかせよう。

悪口魔

自分が苦手なお酒の悪口を大声で話す。そのお酒がお店の売りであったり、周囲にファンがいたりする場合もあるので要注意。

オーダー魔

同席者の好みを考えず、勝手にお酒を頼んでしまう。相手の好みを聞きながらお店の人と一緒に決めるほうがみんなで楽しめる。

居酒屋さんの裏話

#1

空き瓶をほしがる居酒屋

　地酒専門店の前には、よく空の酒瓶が置かれていますよね。飲食店にとって空き瓶はゴミではなく、「うちの店にはこんなお酒があります」というアピールができる重要なアイテム。特に入手困難な人気銘柄の瓶ならば、それだけで多くの日本酒ファンを呼ぶことができるのです。

　知り合いの飲食店さんに聞いた話ですが、超人気ブランド「十四代」の瓶を店の前に飾っていたところ、翌朝別の瓶にすり替わっていたそうなのです！　プレミアがつくほどの人気銘柄になると、空き瓶だけがネットオークションで取引されるのです。しかし、ただ盗むだけじゃなくて別のものを置いていくなんて……同業者がやったのでしょうね。名前だけが価値になっている悲しい現実です。

実は男性の方が
甘いお酒にハマる

　日本酒のメニューを見ていると、たまに「女性にぴったりの甘いお酒」なんて文句が書かれたりしていますよね。お客さんの中にも「彼女が好みそうな甘いお酒を」という人がたまにいますし、さらには酒蔵さんの中にも「東京のOLさんに向けた甘い新商品です」なんていう人もいて、どうも世の中に「甘い＝女性向き」というイメージがあるようです。でも、あれって誰に聞いたんでしょうね。仕事柄、日々お客さんと接していますが、うちの店に来る女性客は比較的「酸」が強く、どっしりとしたものを好む傾向があります。逆に、おじさんの方が甘いお酒が好き。そのせいか、「女性に甘いお酒を」なんていうおじさんは、ただ自分が飲みたいだけなんじゃ……？　と感じています。

#3

そのお酒の味、
本当に知っていますか？

　僕の店「鎮守の森」では、料理やお客さんの好みに合わせて僕やスタッフが日本酒を選んで提供するスタイルを取っていますが、これはそのきっかけになった出来事です。

　以前、「酒徒庵」という名前で営業していたときのこと。日本酒好きなお客さんに、とあるお酒をおすすめしたところ「ああ、その銘柄は知っているから別のお酒がいい」とおっしゃったんです。同じ銘柄でも年や造りの違い、さらに一緒に食べる料理や、酒器、温度、注ぎ方などで、驚くほど印象は変わります。突き詰めれば1杯目に飲むか、2杯目に飲むかでも違う世界なのです。僕の願いは、今日、この瞬間にしか得られない「お酒の感動体験」を楽しんでほしいということ。店のコンセプトを伝えることができていなかったのですね。「お酒の名前＝価値」になっている現実に危機感を覚えた僕は「酒徒庵」を閉店し、お酒の魅力を総合的に伝える場所として「鎮守の森」を開いたのです。

Part 3

日本酒を買いに行こう

お店で「好き!」と思える日本酒に出合えただろうか?
それなら、次は自分で日本酒を「買いに」行こう。
ここでは、日本酒を売っている酒屋さんで、
自分にぴったりの日本酒を買うための
方法を解説する。

お店探しから
ラベルの見方まで解説

日本酒を買えるお店

　酒販店やデパートなど、日本酒が購入できるお店にはいろいろな種類がある。最近は、スーパーマーケットやコンビニエンスストアなど、気軽に立ち寄れるお店で手に入る日本酒の種類も増えており、オンラインショッピングを活用すれば、地方でしか取り扱いのないレアなお酒を買うこともできる。それぞれの業態のよいところを押さえながら、シチュエーションに合わせてお店を選ぼう。

酒屋さん（地酒専門店）

日本酒の特徴	店主こだわりのセレクト
品　数	多
POINT	品揃えが豊富で、日本酒に詳しいプロがいる。ニーズに応じたお酒を提案してくれる。

Column

初心者は「プロ」のいるお店へ

どんなお酒を選べばよいかわからない人は、日本酒のプロがいる酒販店へ。好みの味わいや合わせる料理などを伝えることで、自分にぴったりのお酒を提案してもらえる。

デパート（百貨店）

日本酒の特徴	高級酒が多い
品　数	中
POINT	普段使いよりも贈答用のお酒が多い。贈る相手に合わせたお酒をすすめてくれる。

量販店（スーパー、ディスカウントストア）

日本酒の特徴	リーズナブルなお酒が多い
品　数	少
POINT	品揃えはやや限られてしまうが、安価な価格で取り扱っている場合も多い。

コンビニエンスストア

日本酒の特徴	大手酒造のお酒が多い
品　数	少
POINT	24時間開いており、好きなときに購入できる。近年はラインナップも増えている。

ネット通販

日本酒の特徴	レア酒、限定酒が多い
品　数	多
POINT	全国各地のお酒を手に入れることができる。オークションサイトなどは管理状態がわからないので注意。

こだわりの酒屋さんの見つけ方

　おいしい日本酒を買うには、信頼のできる地酒専門店へ行きたいもの。いい酒屋さんを見極めるポイントは、お酒の性質を理解し、適切な管理をしているかどうか。たとえばラベルに「生酒（なまざけ）」と書かれているお酒は温度変化に弱いので、冷蔵庫での保存がマスト。このような「保存へのこだわり」があるほか、手書きのPOPが充実していたり、店員さんが熱心に話をしてくれたりするところも、日本酒への愛情があるお店だと期待していい。

〈 管理が行き届いている 〉

太陽の光が当たるショーウインドーにお酒を置いているのは、日本酒の性質を理解していない証拠。日本酒は紫外線を浴びると味が劣化してしまうのだ。

「生酒」と書かれているお酒は瓶の中で酵母が生きているため、常温で保存すると味が変化してしまう。生酒が冷蔵庫の中に入っているお店は、日本酒をよく理解しているといえる。

お客さんいいお酒見つけましたね！この蔵の人はまだ30代なのにセンスがあってね、去年あたりからすごく酒質が向上したんです。僕も好きでね〜、冷やしても燗にしても旨い。つい最近蔵に行ってきたのですが、なんと今年からお米造りも始めているそうですよ。それも無農薬栽培！いやー来年が楽しみ。本当に応援したい日本酒ですよ。お水にもこだわっていて、あ、これは販売もしているのですが、「○○水」という幻の名水で……

〈 日本酒への「愛」を感じる 〉

お酒の特徴や魅力を書き込んだ手書きのPOPは、その日本酒のよさを伝えたいという情熱の表れ。お店のスタッフの主観的なメッセージが入っているとなおよい。

店主やスタッフが、対面で1本1本のお酒のよさを熱く語ってくれるお店は、日本酒への愛にあふれており、相談もしやすい。中には話し出したら止まらない人も⁉

2000〜3000円あれば安心

　たとえば一升瓶の値段を見ると、1000円台のものから1万円以上するものまで、価格帯は幅広い。しかし基本的には2000〜3000円あれば、十分においしいお酒を買えると覚えておこう。高級なものはお米をたくさん削ったり、贈答用の工夫をしたりと、コストがかかっているために値段が高くなっているのであり、必ずしも味とイコールではない。そもそも、日本酒はリーズナブルな飲み物。予算に応じて手の届く価格帯のものを買おう。

意外と
リーズナブルでしょう

四合瓶（720mℓ）
1000〜2000円

一升瓶（1.8ℓ）
2000〜3000円

〈 価格の考え方 〉

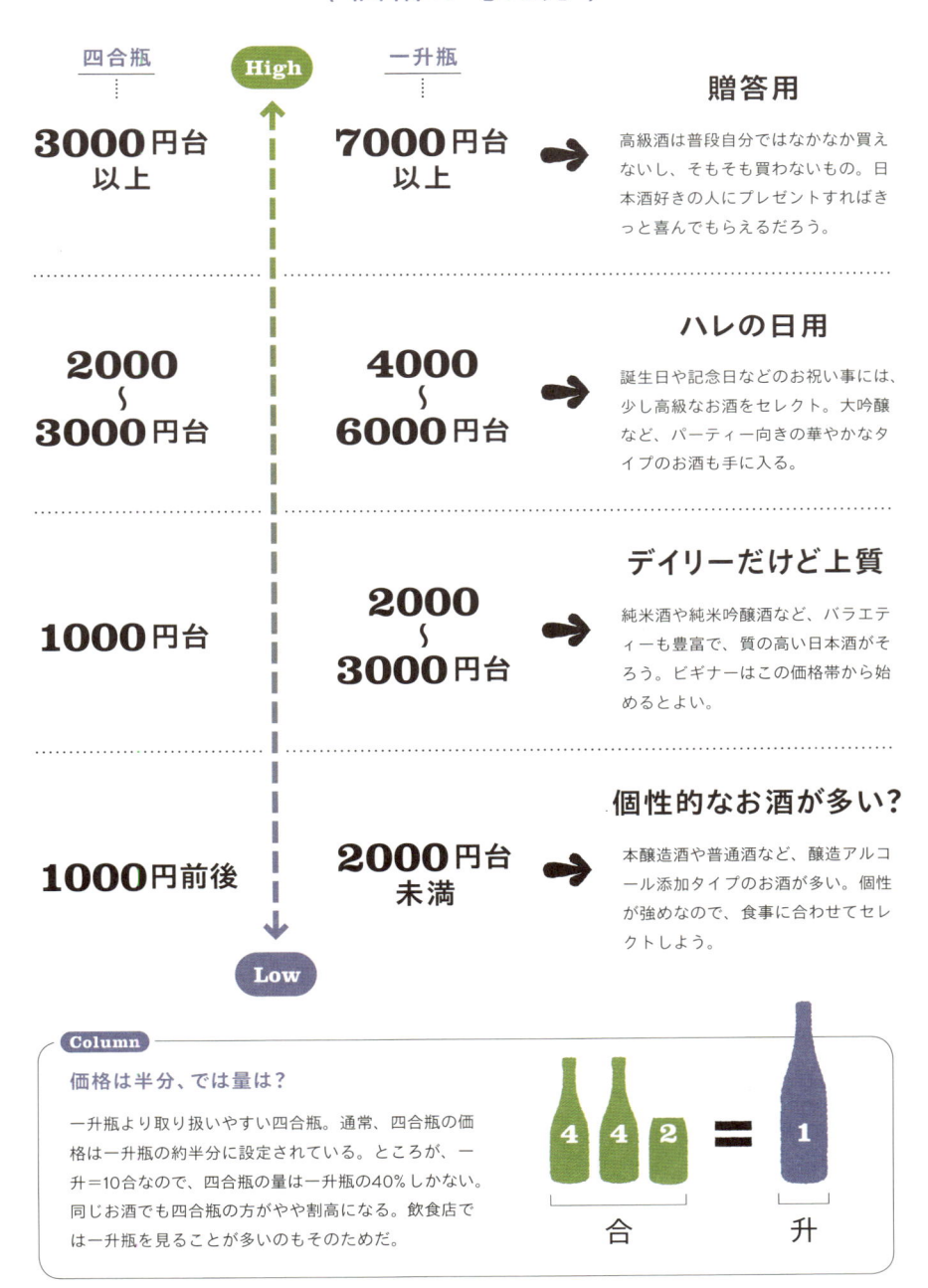

四合瓶 | **High** | **一升瓶**

3000円台以上 / **7000円台以上** → **贈答用**

高級酒は普段自分ではなかなか買えないし、そもそも買わないもの。日本酒好きの人にプレゼントすればきっと喜んでもらえるだろう。

2000〜3000円台 / **4000〜6000円台** → **ハレの日用**

誕生日や記念日などのお祝い事には、少し高級なお酒をセレクト。大吟醸など、パーティー向きの華やかなタイプのお酒も手に入る。

1000円台 / **2000〜3000円台** → **デイリーだけど上質**

純米酒や純米吟醸酒など、バラエティーも豊富で、質の高い日本酒がそろう。ビギナーはこの価格帯から始めるとよい。

1000円前後 / **2000円台未満** → **個性的なお酒が多い?**

本醸造酒や普通酒など、醸造アルコール添加タイプのお酒が多い。個性が強めなので、食事に合わせてセレクトしよう。

Low

Column

価格は半分、では量は?

一升瓶より取り扱いやすい四合瓶。通常、四合瓶の価格は一升瓶の約半分に設定されている。ところが、一升＝10合なので、四合瓶の量は一升瓶の40%しかない。同じお酒でも四合瓶の方がやや割高になる。飲食店では一升瓶を見ることが多いのもそのためだ。

4 4 2 合 = 1 升

まずは「棚」で選ぶ

　お店で日本酒を買う場合、その日本酒が冷蔵庫と常温のどちらの「棚」に並んでいるかが、一つの選択基準となる。たとえばフレッシュな冷酒を飲んですっきりしたいなら、冷蔵庫で冷えているお酒の中から選ぶ。反対に、お燗でしっぽり温まりたいなら、常温の棚から選ぶ。もちろん冷蔵庫で保存されていたお酒をお燗にしてもよいし、常温の棚から選んだお酒を冷やして飲んでもよいが、大まかな味わいの傾向として押さえておこう。

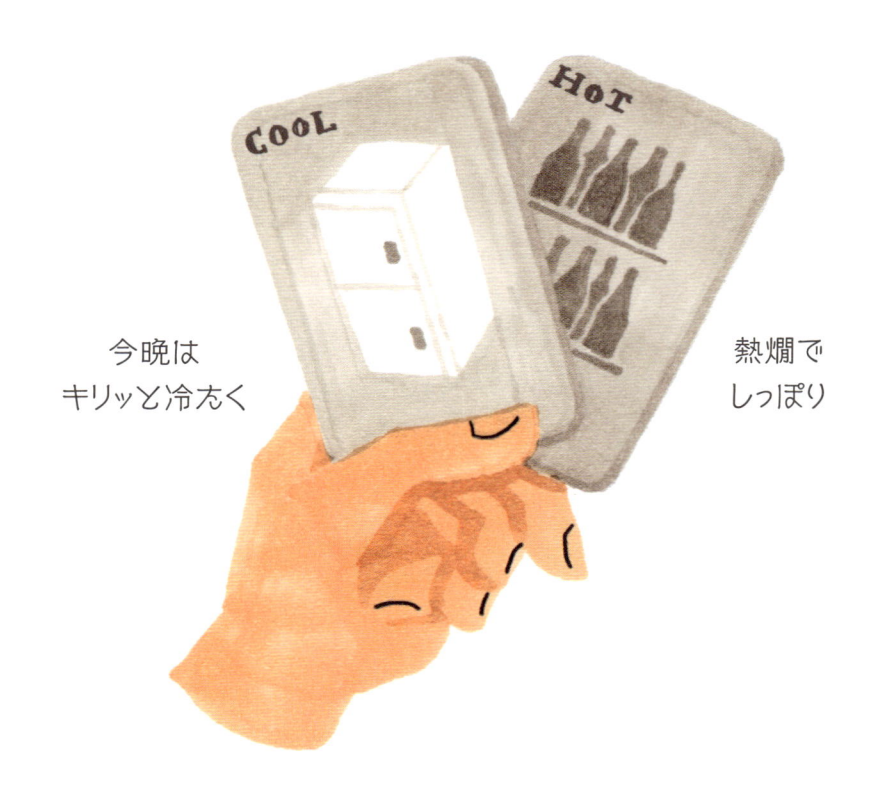

今晩は
キリッと冷たく

熱燗で
しっぽり

裏ラベルはほとんど隠す

　日本酒のボトルの裏には原料米や精米歩合（せいまい ぶ あい）などのデータが書かれたラベルが貼られている。好みのお酒を探すときに、これらの情報はどれくらい参考になるのだろうか。ずばり、裏のラベルで見るべきなのは、酵母（こう ぼ）、精米歩合、アルコール度数の3つだけ。P24でもレクチャーした通り、原料米、日本酒度、酸度、アミノ酸度、杜氏（とう じ）などのデータはそこまで見なくていい。ぎっしり情報が書かれている裏ラベルは、実はほとんどの部分を隠して問題ないのだ。

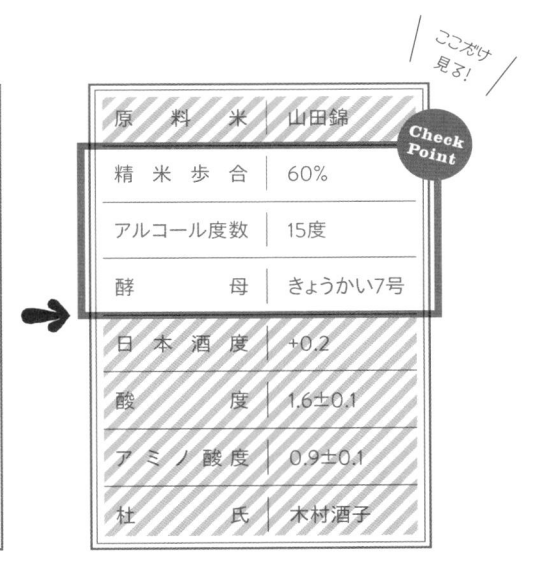

ここだけ見る！

原　料　米	山田錦
精　米　歩　合	60%
アルコール度数	15度
酵　　　　母	きょうかい7号
日　本　酒　度	+0.2
酸　　　　度	1.6±0.1
ア　ミ　ノ　酸　度	0.9±0.1
杜　　　　氏	木村酒子

Check Point

隠すところ

- **原料米**
- **日本酒度**
- **酸度**
- **アミノ酸度**
- **杜氏**

飲む人には
あまり関係ない

見ていいところ

- **酵母** ⋯⋯⋯⋯⋯⋯ P90
- **精米歩合** ⋯⋯⋯⋯ P92
- **アルコール度数** ⋯⋯ P93

酵母

　お米と水から日本酒を造る過程で、発酵に大きな役割を果たす「酵母<ruby>（こう<rt></rt>ぼ）</ruby>」。ラベルに書かれている酵母の種類は、主に「香り」の判断基準となる。大まかに分けると、7号、9号、1801号は香りが強く、6号、10号、14号は香りが穏やか。そのほか、花の蜜などから抽出した花酵母<ruby>（はなこうぼ）</ruby>や、各蔵の個性が出る蔵付酵母<ruby>（くらつきこうぼ）</ruby>なども存在する。ラベルに酵母を明記していないボトルも多いが、書かれている場合は好みの香りのタイプを見つけるための参考にしよう。

\5〜10ミクロン/

清酒酵母（せいしゅこうぼ）

目には見えないほど小さい微生物。糖を分解してアルコールに変える「発酵」を行う。同時に日本酒の香りや味の個性を生む役割もある。

Column

きょうかい酵母とは？

日本醸造協会が管理している酵母のこと。明治時代、蔵元ごとにばらつきがあった日本酒の酒質を安定させるために頒布が始まった。日本酒のほかに、焼酎やワインの酵母も頒布している。

〈 主な酵母のキャラクター 〉

フルーティー系

華やか!

7号

●1946年に長野県・宮坂醸造の「真澄」から抽出。華やかで上品。吟醸酒の誕生に大きな役割を果たした。

●1953年に熊本県酒造研究所で抽出された、通称「熊本酵母」。7号酵母よりも香りが高く、酸は少なめになる。

香りしっかり

9号

超フルーティー

1801号

●吟醸酒のニーズ増加に伴い、華やかな吟醸香を生み出す酵母として2006年に誕生。全国新酒鑑評会で最も高く評価されている。

しっとり系

穏やか

6号

●1935年に秋田県・新政酒造で誕生。現在使われている酵母の中で最も歴史が長い。香りは穏やかで、ソフトな酒質になる。

10号

上品な味

（小川酵母／明利酵母）

●通称「小川酵母（おがわこうぼ）」または「明利酵母（めいりこうぼ）」。香りは上品で酸みが少なくすっきりしたお酒になる。誕生した蔵元には諸説ある。

バランスよし

14号

（金沢酵母）

●1996年に金沢国税局鑑定官室で誕生した通称「金沢酵母」。香りのバランスがよく、淡麗できめ細かな酒質が特徴。

その他

しっかり甘い

花酵母

●花の蜜などから抽出した酵母。ナデシコやヒマワリ、イチゴなど現在14種類ある。いずれも香りが高く、甘みが強くなる。

飲んでのお楽しみ?

蔵付酵母

●古くからそれぞれの蔵元に住み着いている酵母のこと。蔵元の個性が出る。以前使っていたきょうかい酵母の影響を受けているケースも多い。

Column

9号と901号はだいたい同じ

きょうかい酵母には、「9号」と「901号」のように、同じ号数でも末尾に「01」がつくものがある。「01」は、醸造時に泡を発生しにくいタイプであることを表している。泡を発生するかしないかは"造りやすさ"の指標なので、飲み手は"同じ酵母"と考えても大丈夫だ。

精米歩合

　お米の削り具合を表す精米歩合(せいまい ぶ あい)。たとえば、「精米歩合40%」とはお米の外側60%を削り、内側の40%だけを使ったお酒ということ。「精米歩合80%」とは、お米の外側20%だけを削り、内側の80%を使っているということだ。すなわち、精米歩合の数字が低いほどお米をたくさん削るためすっきりした味わいになり、高いほどお米をあまり削らないため濃い味わいになる。ただしP22で説明したように、あくまで傾向であり、当てはまらないお酒もたくさんあるということを覚えておこう。

〈 精米歩合 〉

透明感がある

40% 以下 ➡

透明感のある味のものが多い。お米をたくさん削ることで、吟醸香を醸し出しやすくするという効果もある。

バランスがよい

50~60% ➡

最も多く出回っている精米歩合。お米のほんのりとした甘みを感じることができる、バランスのよい味わいが特徴。

味が濃厚

80% 程度 ➡

お米をほとんど削っていないため、濃厚でしっかりとした味わいになる。原料のお米の個性を生かしたお酒も多い。

Column

精米歩合とおいしさは別と考えよう

精米歩合40%以下の高精米のお酒は、価格設定が高い。これは、お米をたくさん削っている分、より多くの原料米が必要となるためであり、"おいしさ"の指標とは異なる。値段が高ければ高いほどおいしいわけではないということを念頭に置いて、いろいろなお酒を試してみよう。

アルコール度数

　ひと口に日本酒といっても、様々なアルコール度数の商品がある。日本酒の最も一般的なアルコール度数は15〜16度。ビールやワインなど、ほかの醸造酒と比べてやや高く、焼酎などの蒸留酒よりは低い。また、水を加えずに瓶詰めした「原酒」は、18〜20度と高めが多い。さらに、近年は13度に満たない低アルコールの商品も増えている。アルコール度数は味わいにはあまり関係ないが、自分の酔い具合を測るための数値として、きちんとチェックしよう。

〈 アルコール度数 〉

約**40**度
ウイスキー

約**25**度
焼酎

約**18**度〜
原酒など濃いお酒

約**20**度
デザートワイン

約**15〜16**度
一般的な日本酒

日本酒はこの辺り。**ワイン以上、焼酎以下。ちょっとだけ強いお酒**と覚えておこう。

約**13**度
低アルコール日本酒

約**10〜14**度
ワイン

約**12**度
スパークリングワイン

約**4**度〜**6**度
ビール、サワー

よく見るキーワードを参考にしよう

「生」や「火入れ」、「あらばしり」や「中汲み」……。日本酒の瓶には、これまで紹介した基本的なデータのほかに、こうした専門用語が書かれていることがある。これらの言葉は、それぞれの日本酒の造り方を表す大切なキーワード。意味を知っていれば、お酒の味をある程度イメージすることができる。ここでは、主なキーワードの意味と味の傾向をチェックしていこう。

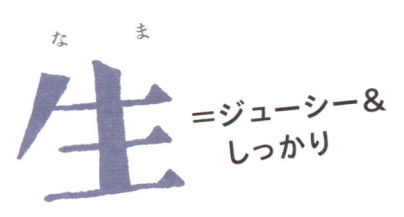

生（なま） ＝ジューシー＆しっかり

火入れ（加熱処理）をしていないため、瓶内で酵母が生きている。果実のようなジューシーさがある。

火入れ（ひい） ＝すっきり

加熱処理をし、酵母の動きを止めたお酒。生酒に比べてクセがなく、すっきりと落ち着いた味になりやすい。

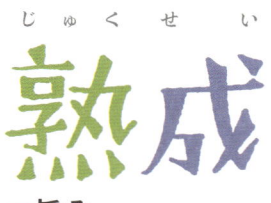

熟成（じゅくせい） ＝旨み

日本酒にも、長い年月をかけて熟成させたものがある。味わいは期間や酒質によって様々だが、いずれも強い旨みがある。

これらのキーワードは、主に肩ラベルやシールなどに書かれている。

新酒（しんしゅ） ＝さわやか

本来は酒造年度内に造られたお酒のことだが、熟成させていない搾りたてのお酒をこう呼ぶことも多い。風味のさわやかなものが多い。

生酛・山廃
（きもと・やまはい）

＝酸がしっかり

昔ながらの「生酛仕込み」「山廃仕込み」で造られたお酒。酸みが多く、コクのある味わいになることが多い。

中汲み
（なかぐみ）

＝バランス◎

あらばしりの次に出てくる透明なお酒で「中取り」「中垂れ」とも呼ばれる。最も風味のバランスがよい部分。

夏酒
（なつさけ）

＝スルスル

夏においしく飲めるお酒として、近年多くの蔵元が醸造に取り組んでいる。名前のイメージ通り、すっきりスルスルと飲みやすい。

あらばしり

＝ジューシー

日本酒を搾るとき、最初に出てくるお酒のこと。口当たりが荒々しく、ジューシーな風味を感じられる。

ひやおろし

＝濃い

春に搾って加熱処理をしたお酒を夏の間貯蔵し、秋に出荷すること。半年間の熟成により、やや濃厚な味わいになる。

> **Column**
>
> ### レア酒「せめ」は通好み
>
> 日本酒を搾る工程の最後で、圧力をかけて搾り出した部分を「せめ」と呼ぶ。濃厚で、やや雑味が多い通好みの味わいとなる。あらばしりや中汲みに比べてアルコール度数が高いことが多い。

店員さんに質問しよう

　これまで、瓶に書かれた情報から日本酒の味をイメージする方法を紹介してきた。しかし、より具体的なお酒の味を知るためには、お店の人に尋ねるのが一番。とはいえいきなり自分の好みを説明するのはハードルが高い……。そこでおすすめなのが、お店にある商品の味を尋ねること。説明を聞いてそのお酒の味をイメージしながら、自分の好みに近づけていこう。また、日本酒は料理とのつながりも深いので、一緒に食べたい料理を伝えるのもよい方法だ。

実践例 **1**
〈「質問」&「好み」で選んでもらう〉

このお酒は<u>どんなタイプ</u>ですか?

お米の旨みがしっかりした、
甘さ控えめのお酒ですよ。

1甘　穀物香　**旨**

甘さは控えめがいいのですが、
<u>フルーツタイプの方が好き</u>です。
そういうのはありますか?

フルーツ香

それなら、こっちかな。
余韻は短めでスイスイ飲めますよ。

1甘　フルーツ香　**余韻**

　まずはお店に置いてある商品について質問してみよう。説明してもらった後、自分の好みをプラスして伝えると、店員さんもより適当なお酒をイメージしやすくなる。

実践例 2
〈 料理から教えてもらう 〉

今日は<u>和食</u>の予定です。
合うお酒はありますか？

どんな料理ですか？

<u>すき焼き</u>です。

それなら
<u>お肉に負けないお酒</u>が
いいよね。

 3甘　旨　余韻

合わせたい料理がある場合は、しっかり伝えよう。メニュー名を伝えて大まかな味をイメージしてもらった後、具材や味付けなどを具体的に説明していく。

実践例 3
〈 おいしかった 銘柄から聞く 〉

以前飲んだ
こんなお酒が
好きなんです。

2甘　フルーツ香　酸

それなら、タイプが近い
これなんてどうですか？
もう少しボリュームがあるかな。

 2甘　フルーツ香　酸　旨

これまで飲んだお酒の中で好きだった銘柄を伝えると、近い味のお酒を選んでもらえる。同じ銘柄でもスペックによって味が異なるので、情報は細かく伝えるようにしよう。

思い切って
聞いてみましょう！

Column

**日本酒は「飲まないとわからない」お酒。
知っている店員さんにどんどん聞こう**

日本酒は様々な条件が複雑に絡み合ってできるため、本当の味は飲んでみなければわからない。よいお酒を選ぶには、お酒を実際に飲み、味を理解している店員さんに質問することが一番の近道だ。

お酒選びのテクニック

　ほかにも、日本酒選びには落とし穴やちょっとしたテクニックがたくさん。たとえばまったく同じ銘柄のお酒でも瓶のサイズによって微妙に味が違っている。また普段は見逃してしまいがちなラベルの記号「BY」を見てみるともっとマニアックなお酒選びができる。ここではお酒のプロが注目するポイントを解説しよう。

〈 一升瓶と四合瓶を選び分ける 〉

コクと旨みを味わえる。食中酒や、燗酒として味わうのがおすすめ。

華やかな香りと味わいを楽しめる。フルーティーでジューシーなタイプに最適。

四合瓶　→　すっきり華やか

一升瓶　→　コクが出る

同じお酒でも、一升瓶と四合瓶では味が若干異なる。瓶詰めの際、四合瓶は空気に触れる部分が少ないため、できたての風味をキープできる。一升瓶はより多く空気に触れるためにコクが出る。

〈「受賞蔵」に要注意〉

受賞アピールには注意が必要。特に「受賞蔵」と書かれているものは、そのお酒そのものが受賞したわけではない場合もある。派手なデザインに流されないようにしよう。

〈 BYに注目 〉

こだわりの強い酒販店では、お店で独自にお酒を熟成させることがある。ラベルに書かれた酒造年度（BY）が何年か前のものである場合は、お店の人にその意図を尋ねてみよう。

Column

BY＝Brewery Year（酒造年度）
プルワリー イヤー

ラベルなどで見かける「BY」とは、Brewery Year＝酒造年度のことで、その年の7月1日から翌年6月30日までの期間に造られたことを意味する。たとえば「28BY」と書いてあったら、平成28年7月1日〜平成29年6月30日に醸造されたということ。

僕の大好きな酒屋さん

　お酒を買うとき、多くの人は「近所」でいいお店を探したり、または「有名」なお店に行ったりすることが多いかと思います。お酒をとことん味わいたいなら、マニアックでも強いこだわりを持つ酒屋さんを探して、わざわざ出かけてみるのも楽しいですよ。ここでは、僕がほれた「すごい」酒屋さんを16店紹介します。どれも個性的で日本酒愛あふれる名店ばかり。きっとあなたの好みのお酒が見つかり、さらに新たな発見が得られると思いますよ。

#1

東京都・清瀬市

地酒の降矢酒店
じざけのふるやさけてん

デリケートな「生原酒」ならおまかせ

「香り、旨みをダイレクトに楽しめるお酒」を信条としたラインナップは無ろ過生原酒が中心。代表銘柄は「屋守」「鍋島」「花邑」。個性を主張するお酒を最高の状態で提供する。

Data
東京都清瀬市中清戸4-907
☎042-491-2331
10:30〜20:00
無休

今人気が高まっているシルキーなお酒が充実しています。店長の降矢さんは大人気銘柄「屋守」の立ち上げに携わった人物としても有名です。

#2

東京都・練馬

酒の秋山
さけのあきやま

陸奥八仙がとにかくすごい！

自らテイスティングをしたお酒のみを販売。フルーティーで酸のあるお酒が多く、生酒や季節限定酒も豊富。蔵に出向いて見聞きした、造り手の想いや地元の食文化を伝えてくれる。

Data
東京都練馬区豊玉上1-13-5
☎03-3992-9121
11:00〜20:00
日曜休

特に「陸奥八仙」という銘柄を大切にしていて、−8.5℃の冷凍冷蔵庫にて徹底管理しているそうです。「この蔵のお酒を伝える」という情熱が伝わってきます。

三伊 井上酒店
さんい いのうえさけてん

「飲み手」と「料理」からお酒を探す

「あれを食べたい」と料理を連想させるような「食中酒」がメイン。銘柄ではなく飲み手の好みやシチュエーションに合わせてお酒を提案してくれる。蔵元を迎えるイベントも多数。

#5

Data
東京都新宿区早稲田鶴巻町541
☎03-3200-6936
9:30〜20:00
日曜・祝日休

純米酒系の食中酒に特化しているお店です。取扱い銘柄数はあえて絞り、その分、1つ1つの商品知識が豊富。おすすめの温度なども教えてくれますよ。

地酒屋こだま
じざけやこだま

#3

日本酒愛あふれる大塚の名店

「縁があり、お酒にほれ、造り手にほれる」というプロセスを経た、信頼できる蔵のお酒だけを販売。約50蔵220種のお酒はほぼすべて無料試飲可能。試飲会やイベントも多数開催。

Data
東京都豊島区南大塚2-32-8
☎03-3944-0529
13:00過ぎ〜20:00（日曜・祝日〜19:00）
火曜休（臨時休業あり）

店主の児玉さんは非常に「日本酒愛」の強い人。ほぼすべてを味見できるお店なんてほかにはないですよね。特に福島県のお酒の品揃えはすごいですよ。

#6

ウィルトス

「鎮守の森」監修の日本酒ラインナップ

新進気鋭のワインショップが2017年より本書監修・竹口さんセレクトの日本酒販売をスタート。お酒の種類の垣根を越え、信念を持った商品を国内外から集める。

Data
東京都渋谷区神宮前2-11-19
☎03-4405-8537
12:30〜20:00
日・月曜休（臨時対応可能）

普段ワインを飲んでいる人が行くと、ワインの好みに合った日本酒を提案してくれるので面白いですよ。僕の店「鎮守の森」で出しているお酒も少しあります。

伊勢五本店 千駄木店
いせごほんてん せんだぎてん

スタイルのあるお酒にこだわる

スタイルや個性を持つ銘柄をセレクト。蔵元の歴史や風土、造り手の人柄など「ストーリー」のあるお酒と出会える。「獅子の里」「村祐」などが特におすすめ。

#4

Data
東京都文京区千駄木3-3-13
☎03-3821-4573
10:00〜19:00
日曜・祝日休

有名店ですよね。ここは独自のセレクト力が魅力。たとえマニアックな蔵でも、要望があれば探して自分で味を見る積極的な姿勢は流石です。

青山三河屋川島商店 #8

あおやまみかわやかわしましょうてん

生産者の気持ちを代弁するお店

蔵との交流を大切にし、生産者の気持ちに立って商品を伝えてくれる。取扱い商品は長期にわたり安定的に高品質な酒造りを続ける実力蔵ばかり。試飲会なども定期開催中。

Data
東京都港区北青山3-10-9
☎03-3400-2423
9:00〜20:00（土曜〜19:00）
日曜・祝日休

> 港区にあるおしゃれな雰囲気のお店ですが、実力蔵からマニアックなお酒まですごいラインナップです。僕は「急においしいお酒がほしい」ときにかけこみます。

東京都・神宮前 #7

新川屋田島酒店

しんかわやたじまさけてん

食中酒を中心とした品揃え

最高級の純米大吟醸から蔵の地元で愛される普通酒・本醸造酒までそれぞれのよさを伝えるお店。店主のこだわりではなく、お客さんと対話しながらじっくりお酒を選んでくれる。

Data
東京都渋谷区神宮前2-4-1
☎03-3401-4462
9:00〜20:00（土曜〜19:00）
日曜・祝日休

> ラインナップも見事ですが、「料理とのペアリング」が魅力。料理を伝えれば寄り添うお酒を親切に教えてくれるので、日本酒ビギナーでも安心です。

東京都・築地

酒の勝関

さけのかちどき #9

圧巻のラインナップ！

飲食店向けの販売が中心のお店。銘柄ではなく、どんな味を求めているかを聞き、最適なお酒を提案するオーダーメイドスタイルが人気。近隣飲食店との日本酒イベントも人気。

Data
東京都中央区築地7-10-11
☎03-3543-6301
8:30〜19:00（土曜〜18:00）
日曜・祝日休

> ここはお酒の保管数がとにかくすごい。ズラーッと並ぶ日本酒に圧倒されますよ。皆知識が豊富で、少し聞けばどんどん教えてくれるのも魅力ですね。

杉浦酒店

すぎうらさけてん

「裏」シリーズを生み出したレジェンド

店主が「応援したい」という蔵のお酒を応援。人気銘柄「死神」の裏シリーズ「裏死神」はマニア垂涎の品。「花の香」「星泉」「祝蔵舞」「一滴千山」など多数取り扱う。

#10

Data
東京都葛飾区四つ木2-3-8
☎03-3691-1391
10:00〜21:00
月曜休

> 一見「街の酒屋さん」ですが、中に入れ
> ばこだわりの日本酒の数々にびっくり！
> 店主の杉浦さん、店長の北野さんを尊
> 敬する業界関係者は多いんですよ。

革命君

かくめいくん

#11

激レアアイテムが眠る隠れ酒屋

東京の名店でキャリアを重ねた齋藤さんが、難病と闘いながら2014年にオープンした会員制酒販店。わずか3坪の極狭スペースには齋藤さんが独自に見出したレア銘酒が集まる。

Data
東京都江戸川区南小岩2-4-35
MAIL t80shirohige@yahoo.co.jp
営業時間、定休日要問合せ

> 今大人気の銘柄「射美」を見出したの
> は彼。その目利き力は半端ではないで
> すよ！ 発送がメインのため、行く場合は
> メールで問合せておきましょう。

#12

日本酒専門酒屋 刻和
-TOKIMASA-

にほんしゅせんもんさかや ときまさ

無名の美酒を発掘！

「無名でもおいしい日本酒はたくさんある」と店主の岩田和士さん。個性と将来性のある蔵のお酒を中心に扱う。大倉本家「美巖」は刻和限定だ。一部を除き無料試飲可能。

Data
千葉県市川市南行徳1-1-1
グリーンホーム南行徳105
☎047-315-4112
13:00〜20:00　水曜休、臨時休業あり

> 千葉県でお酒を買うならここ。店主はお
> 酒に対して真摯に向き合う人物。お酒
> の魅力をお客さんにもわかりやすく提案
> してくれますよ。

地酒屋宮島

じざけやみやじま

長野のお酒を応援する地域密着店

長野県の地酒のみを扱う「超地酒専門店」。地元蔵と徹底して向き合い、その魅力を丁寧に伝える。特に女性杜氏が醸す「十九」は「近年、群を抜いている」と店主。

#13

Data
長野県上田市真田町長5913-1
☎0268-72-4039
9:00〜19:00
無休

> 店主の宮島さんは日本酒界の有名人
> で、東京の飲食店の中にも彼のファンは
> 多いんですよ。長野県を訪れた際はぜ
> ひのぞいてほしいです。

Weinhaus HINODE
ヴァインハウス ヒノデ

#15

お酒を「育てる」異色の日本酒専門店

日本酒とワインの専門店。「完成度が高く、個性があり、表現力のある旨さ」を持つお酒を扱う。テイスティングを行いながら熟成、絶世の旨さへと育てて店頭に出すこだわりよう。

Data
兵庫県伊丹市南野6-2-23
☎072-770-0668
11:00〜23:00
月曜休

> 店主の桑山さんは20数年前より理想の味を目指して蔵元と一緒に開発を続け、今では扱う商品のすべてがオリジナルになったという、非常に稀有な存在です。

#14

酒商・のより
さかしょう のより

西日本の旨いお酒が集合

地元産の酒米を使用した個性的なお酒や、お米の旨みを感じるお酒を中心に取り扱う奈良県の酒販店。「花巴」「不老泉」「天賦」など特に西日本の銘酒ラインナップが評判。

Data
奈良県奈良市青野町1-2-4
☎0742-45-0130
9:00〜21:00
日曜休

> 奈良のお酒はほぼすべてを網羅し、さらに全国のいいお酒を発掘して紹介しています。すごいラインナップなのに何気ない風にしているのがニクイ。

地酒みゆきや
じざけみゆきや

#16

ストーリーを語れる名物店主の店

ブレイク間近の素質のある銘柄、個性のあるお酒、造り手の人間性が伝わるお酒を中心にセレクト。店主の的場さんによる「まずいお酒をおいしくする」イベントなども開催中。

Data
和歌山県新宮市神倉4-5-11
☎0735-23-1006
10:00〜18:00
木曜休

> 地元のお酒に加え、こだわりのすごいお酒がたくさんあります。店主は日本酒の種類から飲み方、料理まで幅広い知識の持ち主ですよ。

Part 4

家飲みを楽しもう

お目当ての日本酒を買えたなら、いよいよ
「家飲み」デビューだ。このパートでは日本酒の
保存方法や開栓方法、注ぎ方といった基本的な
コツ、酒器や熱燗のテクニックまで伝授。
ここが日本酒マニアへの入り口だ。

お店とは違う
楽しみが
あります

日本酒を保存する

　家に持って帰ってきた日本酒はどこに置くべき？　日本酒は非常にデリケートなお酒なので、保存には十分注意が必要だ。見るべきは「ラベル」。ここに「生」と書いてある日本酒は冷蔵庫、それ以外の日本酒は冷暗所で保存しよう。「生」と書かれていないお酒は、加熱処理（火入れ）をしているため生酒ほど温度の影響を受けにくいのだ。また、一度開栓してお酒が空気に触れた後は、味の変化が早くなるため、いずれも冷蔵庫で保存するのが望ましい。

〈 開栓前 〉

生酒は
「生きた」お酒※

火入れは
加熱処理を
しているということ

「生」のお酒

↓

冷蔵庫で1〜2カ月

加熱せず瓶詰めする生酒は、瓶の中で酵母が生きている。常温では酵母が活性化し、味がすぐ変化してしまうため、冷蔵庫で保存しよう。

それ以外のお酒

↓

冷暗所で
長期保存可能

火入れ（加熱）した日本酒は常温での保存も可能。ただし、高温になる可能性のある場所は避け、なるべく乾燥した冷暗所で保存すること。

紫外線を
完全ガード！

〈 開栓後 〉

一度空けると
変化が早い

生酒よりは
丈夫だけど……

「生」のお酒

それ以外のお酒

↓

↓

冷蔵庫で3日以内

生のお酒は、空気に触れると味がどんどん変化する。特に華やかな香りのお酒、フルーティーな味のお酒などは3日以内に飲み切るように。

1週間程度

火入れ酒も、開栓後は冷蔵庫で保存すること。生酒よりは味の変化が遅いが、次第に酸味が強くなってくるため、1週間程度で飲み切ろう。

開栓する

　いざ、飲もうと思っても、日本酒のキャップは初めての人にとっては珍しい形状をしていると感じることも多いだろう。主に瓶の口にプラスチック製の栓が刺さった「打栓タイプ」と、金属のキャップを回して開ける「スクリューキャップタイプ」の2種類がある。開け方はいずれもシンプルだが、金属製のキャップを雑に扱うと手を切ってしまうこともあるので要注意。飲む前に怪我で悲しい気持ちになってしまっては、せっかくの楽しい家飲みが台無しだ。

〈 打栓タイプ 〉

栓を覆う金属またはプラスチックのカバーを、切れ込み通りにめくる。金属カバーのふちは鋭いので注意。

側面のカバーをすべてはがし取ると、瓶の口に栓が刺さっているのが見える。

瓶を押さえながら指でゆっくりと栓を押し上げ、ポンと引き抜く。

〈 スクリューキャップタイプ 〉

金属製のキャップを開けるときは、手を切らないようによく注意しよう。

ミシン目に沿って、スクリューキャップを半時計回りに回す。

ミシン目が最後まで切れたら、キャップを瓶から外す。

日本酒を注ぐ

　日本酒は「注ぎ方」でも味が変わる。基本的な注ぎ方は、できるだけ静かに、瓶の中のお酒をそのままグラスに「移し替える」ようにすること。日本酒は振動が加わると味が変化してしまうからだ。それとは反対に、高いところから勢いよく注いでみると、お酒に刺激が加わり、味がより強く、ふくらんだように感じられるはず。嘘みたいな話だが、これは本当。ぜひグラスを2つ用意して飲み比べてみよう。

〈 基本の注ぎ方 〉

お酒本来の味

瓶と酒器を向かい合わせて傾け、瓶から酒器の中へお酒を「移し替える」ように流し込む。瓶の中とほぼ同じ状態でお酒を味わうことができる。

〈 お酒を「起こす」注ぎ方 〉

お酒の味が開く！

高いところから勢いよく注ぎ入れることで、お酒を刺激して味を変化させる。ワインのデキャンタと同じような考え方だ。

スパークリング日本酒は開栓注意

スパークリング日本酒には2種類ある。1つは日本酒に人工的にガスを加える「ガス充填タイプ」で、シュワシュワの炭酸飲料やサワーと同じ。もう1つは日本酒の「酵母」が生きているお酒で、瓶の中でも元気に発酵することで炭酸ガスが生まれる「瓶内二次発酵タイプ」。これは伝統的なシャンパンと同じだ。特に二次発酵は、瓶の中でどんどんガスが増え続けているお酒なので、開栓したときにシュワシュワと吹き出してしまうこともある。ここでは正しいスパークリング日本酒の開け方を紹介しよう。

〈 スパークリング日本酒の正しい空け方 〉

1

冷蔵庫で一晩寝かせる

冷蔵庫で一晩キンキンに冷やす。「瓶内二次発酵タイプ」の日本酒は温度が高いと酵母が活発になってガスを発生させる。冷やすことで酵母を「眠らせる」のだ。スパークリングは「前日に買う」ことを忘れずに。

キャップの開け閉めを繰り返す

キャップを少しだけ回し、瓶の中で泡が立ち上ってきたのを確認したら、再びキャップを締める。これを数回繰り返して少しずつ空気を抜き、泡が落ち着いてきたらゆっくりと開栓する。

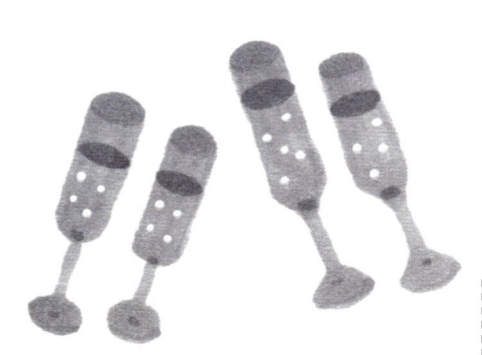

一度で飲み切る

開栓したスパークリング日本酒は、当日中に飲み切るのが望ましい。特に瓶内二次発酵タイプは酵母が生きているため味の変化が早い。

スパークリングは四合瓶が鉄則

ベストな状態で飲み切るために、スパークリング日本酒は四合瓶を買うのがおすすめ。一升瓶は大人数のパーティーのときに。

Column

スクリューキャップ以外の開栓方法

コルクタイプ

コルクで栓をしたスパークリングは、ゆっくり開栓するのが難しい。噴き出さないよう、布巾などをかぶせて開栓しよう。

打栓タイプ

カバーを取った瞬間に噴き出し、金属カバーで怪我をする可能性も。栓の上から千枚通しを刺し、それをゆっくり上下に動かしてガスを落ち着ける。

グラスを選ぼう

　同じ日本酒でも、酒器の形で味わいが劇的に変化する。たとえばストレートな形のグラスなら香りや味を「すっきり」と感じやすく、ふくらみのあるワイングラスなら「しっかり」と感じることが多い。グラスのふくらみ加減や飲み口の大きさなどによって、香りや味の感じ方が変わるためだ。日本酒の特徴や好みに合わせて、適した酒器を選んでみよう。ここでは6種類のグラスを紹介するが、初心者は違いがわかりやすいAストレートとFブルゴーニュグラスの2つから始めるのがおすすめ。

〈 主なグラスのタイプ 〉

基本
A
ストレート
（タンブラー）

B
縦長
（フルートグラス）

C
ややふくらんだ縦長
（フルートグラス）

D
逆三角形
（わんぐり型）

E
つぼみ
（ウイスキーグラス）

基本
F
大きなつぼみ
（ブルゴーニュグラス）

Column

形と口の大きさに注目

グラスのふくらみ具合により、香りや味の開き具合が変化する。飲み口の大きさは、お酒の舌の上での流れ方に関係するため、味の感じ方に影響する。

形 ➡ 香り、味の開きに影響

口 ➡ 舌への当たり方に影響

〈 グラスによって味が変わる 〉

Ａ ストレート（タンブラー）

香りはあまり広がらない。

**すっきり
味わえる**

お酒がのどに向かって舌の中心をまっすぐ流れるため、すっきりとした味わいになる。香りや味が苦手だと感じるお酒をこのタイプで飲むと、風味を感じにくくすることができる。

舌の中心をまっすぐに流れていく。

形状 ストレート
口径 小

ふくらみを持たないストレートな形状のグラス。口径は狭く、深さがある。

Ｂ 縦長（フルートグラス）

バランスよく感じられる。

**スパークリング
に最適**

シャンパングラスのような細長いタイプはシュワシュワのスパークリング日本酒に適している。空気に触れる面積が少ないため、シャープなガス感を堪能できる。

口径は狭いが、ストレートタイプよりやや広がる。

形状 縦長、少しふくらみあり
口径 小

口径は小さく、ややふくらんでいる。深さのある縦長の形状。

C ややふくらんだ縦長（フルートグラス）

バランスよく感じられる。

フルートグラスと
ほぼ同じ流れ方。

ガス感のある
生酒に

スパークリングとまではいかなくても、「ガス感」のある日本酒は多い。そんな活性系におすすめ。少しふくらんだ形状が味わいを開かせ、香りと旨み、酸をバランスよく引き出す。

形状 ややふくらみあり、
少しラッパ型

口径 小

口径は小さく、ややふくらみがある。
縦長よりも背が低い。

D 逆三角形（わんぐり型）

香りはあまり広がらない。

舌の両端にお酒が
流れていく。

さわやかな
酸を感じる

舌の両端は酸を感じやすいため、逆三角形ではフレッシュな酸を味わえる。空気に触れる面積が広いため、スパークリングは適さない。

形状 逆三角形

口径 中

口径はやや広く、底に向かって狭くなっていく逆三角形タイプ。深さはあまりない。

E つぼみ（ウイスキーグラス）

豊かな香りを感じる。

豊かな香り、すっきりした飲み心地

ふくらみの部分で香りを広げ、飲み口をやや狭くすることでそれを逃げにくくするタイプ。飲み心地はすっきりさせながら、豊かな香りをじっくり楽しむのに適している。

形状 ふくらみあり、ラッパ型
口径 中

中心部のふくらみが大きく、飲み口に向かってすぼまっていくタイプ。

舌の両端にお酒が流れていく。

F 大きなつぼみ（ブルゴーニュグラス）

豊かな香りを感じる。

香り、味ともによく広がる

繊細な味わいを感じやすい。空気にたっぷり触れさせることで、お酒が隠し持つ本来のおいしさを引き出すこともできる。香りを楽しみたい人にもおすすめ。

形状 大きなふくらみあり
口径 大

全体が大きくふくらんでおり、口径も広い。お酒が空気に触れる面積が最も大きいグラス。

舌全体にお酒が流れていく。

〈 グラスを替えて飲んでみよう 〉

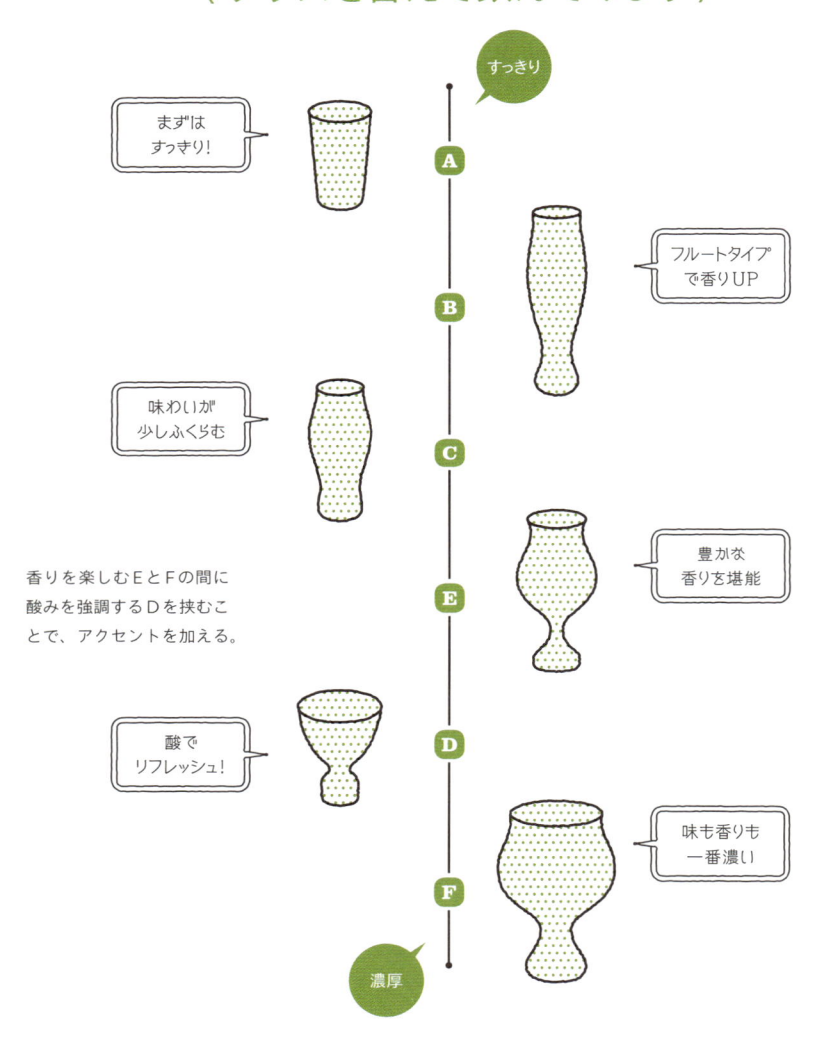

それぞれの酒器の特徴を学んだ後は、酒器による味わいの違いを楽しむために、同じ日本酒をグラスを変えて飲み進めてみよう。基本的にはAストレートからスタートし、Fのブルゴーニュグラスに向かっていく。この順番で飲むと、だんだん香りが強く、味が濃くなっていくように感じられる。ポイントは、D逆三角とEウイスキーグラスの順番を逆にすること。香りタイプのEとFの間に酸を強調するDを挟むことで、よりわかりやすい変化を楽しむことができる。

〈 酒器をもっと楽しもう 〉

器の「厚さ」に注目

酒器の厚さにも注目。ガラスなどの薄い酒器は味がシャープになり、陶器などの分厚い酒器で飲むと味が丸くなり、お酒の欠点が見えにくくなる。

薄い

厚い

味がシャープに

味がまろやかに

表面が
ザラザラ

「陶器」で味を
変化させよう

表面がザラザラとしている陶器は、お酒に振動を加え、味を開かせる効果がある。ただし、お酒によってはアルコール感が強くなりすぎることもある。

「似た形」を
いろいろ試そう

初めから様々な形の酒器を買い揃えるのではなく、マグカップや茶碗など、家にある同じような形の器で試してみるとよい。どんな酒器を買うべきか検討するのに役立つはずだ。

ストレート

マグカップ？

お燗のススメ

　自分でお燗をつけるのは、少し面倒に思えてしまうかもしれない。しかし、お酒を温めると、味がまろやかになり、甘みが強くなるため、冷酒や常温で飲むよりもさらにおいしくなるお酒は多い。さらに、燗酒には心地よく酔えて、しかも酔いがすっきり醒めやすいというメリットもある。お燗をするとよいことがたくさん。お酒のタイプや合わせる料理に応じて、ぜひチャレンジしてみよう。ここでは簡単な電子レンジ法（P119）と、お湯で温める方法（P120）を教えよう。

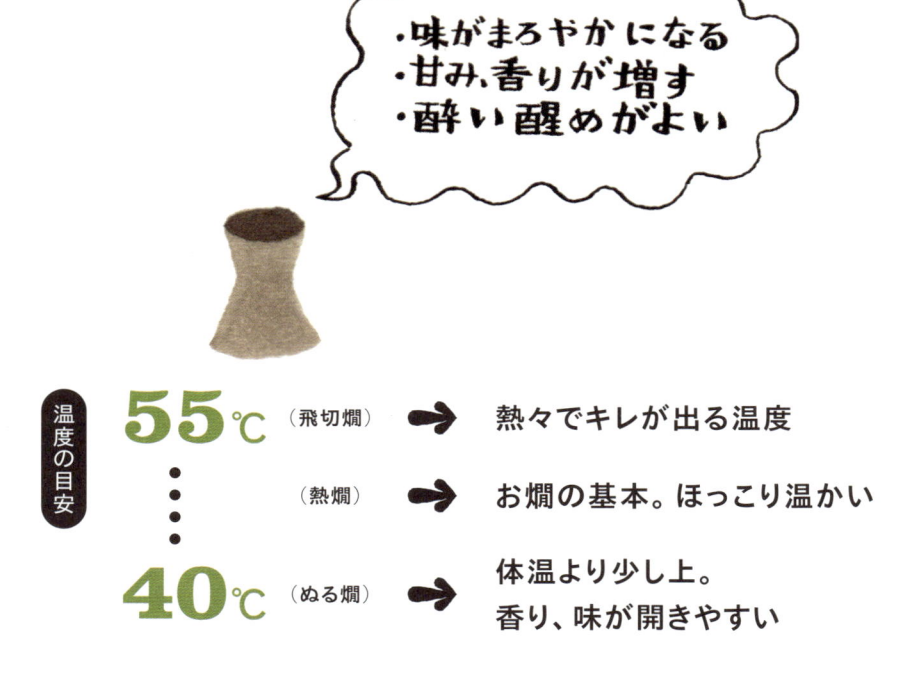

・味がまろやかになる
・甘み、香りが増す
・酔い醒めがよい

温度の目安

55℃ （飛切燗） ➡ 熱々でキレが出る温度

（熱燗） ➡ お燗の基本。ほっこり温かい

40℃ （ぬる燗） ➡ 体温より少し上。
香り、味が開きやすい

Column

大吟醸はお燗に向かない？

冷やして飲むことが多い大吟醸。「高いお酒をお燗にするのはもったいない」という声があるが、それは間違い。温めると味わいがふくらみ、新しいおいしさに出合えることも。生酒やにごり酒など、いろんなお酒でお燗を試してみよう。

〈 家お燗の方法 〉
（レンジ編）

レンジ燗は最も気軽にできる方法。温まり具合にムラができてしまうことがあるので、途中で取り出して中身を移し替える一工夫が大切。温度を確認しながらムラなく温めよう。

［用意するもの］

 徳利　 お燗計（温度計）　 コップ

❶ 徳利に日本酒を注ぐ

徳利にお酒をそっと注ぎ入れる。量は徳利の首元の下あたりまで。

❷ 電子レンジで設定時間※の「半分」まで温める

電子レンジの設定に従って、①の徳利を温める。設定時間の半分まで温めたら、電子レンジからお酒を取り出す。

❸ 一度別の容器に移す

温度を確認しながら、②のお酒を別の容器に移し替え、もう一度徳利の中に戻す。

 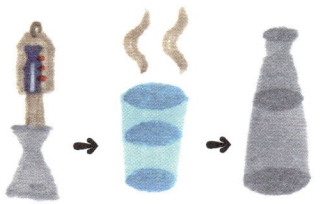

❹ 設定時間の残り「半分」温める

徳利を電子レンジに戻し、目標の時間まで温める。こうすることで、電子レンジでも均等に温まる。

※500Wのレンジの場合、1合（180mℓ）は50秒程度でぬる燗程度に温まる。レンジによって異なるので注意。

〈 家お燗の方法 〉
（湯煎編）

お湯を使ったお燗は、じっくりとお酒を温めることができ、温度のコントロールがしやすい。最初からお湯に浸けるよりも、水から弱火にかけて温めるのが望ましい。

［用意するもの］

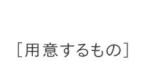  

徳利　　お燗計（温度計）　　鍋

 ①
徳利に日本酒を注ぐ

徳利にお酒をそっと注ぎ入れる。量は徳利の首元の下あたりまで。

②
鍋に水を張る

深さのある鍋に①の徳利を入れ、お酒が入っている首元下の高さまで水を張る。

③
水からゆっくり温める

鍋を弱火にかけ、水と一緒に徳利の中のお酒をゆっくり温める。じっくりと熱を加えることでまろやかな味わいの燗酒になる。

大きな鍋を使う場合は、徳利は火が直接当たる場所を避けて置くこと。そうすることで熱がじっくりとまんべんなくお酒に加わる。

④
目標温度に達したら完成

お燗計で温度を測り、目標の温度まで温まったら完成。じっくり温めた熱燗は優しくまろやかな味わいだ。

買ったお酒が苦手だったときの救済方法

買ってきた日本酒をワクワクしながら飲んでみたけど、あまり好みの味じゃなかった……。とてもショッキングな事件だけど、諦めるのはまだ早い。これまでご紹介した通り、日本酒は飲み方によってまったく違う味になるお酒。「おいしくない」のではなく、自分がそのお酒のよいところを上手に引き出せていないだけかもしれない。ここでは、お酒が「苦手」だと感じたときに役立つテクニックを紹介。酒器や温度を変えることで、お酒の悪いところを隠し、よいところを引き出すことができるのだ。

CASE **1**
〈 味が物足りない 〉

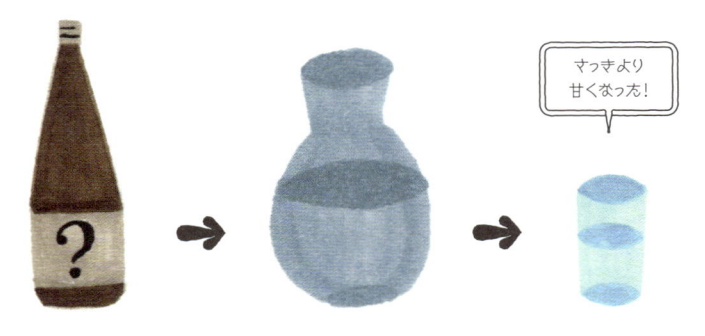

さっきより甘くなった!

デキャンタで味を「開かせる」

新酒などのお酒は「味わいが硬い・物足りない」と感じることがある。そんなときはデキャンタにお酒を注ぐと、空気に触れることで味がふくらみ、旨みや甘みを感じられるようになる。

Column

荒技「瓶ごとデキャンタ」

デキャンタする容器がない場合は瓶のまま振ってもよい。中のお酒を少し取り出してから瓶を上下に5〜6回ジャバジャバと振るだけ。全体の味が変わってしまうため一度で飲み切るときの「裏技」と覚えておこう。

〈 うわ、この味苦手かも 〉

グラスで欠点をカバーする

お酒を苦手だと感じたら、グラスの形状をチェック。
P112〜115を参考に、その酒器と反対の特徴を持つ形の
器に移し替えてみよう。短所を隠し、長所を引き出し
てくれる可能性がある。

お酒のポテンシャルを最大
限に引き出すブルゴーニュ
グラス。お酒が空気にたっ
ぷりと触れるため、味わい
を開かせることができる。

縦長のフルートグラスで甘
みを少し抑えたり、逆三角
形タイプのグラスで酸を引
き出したりすることで、バ
ランスのよい味わいに。

クセが強いと感じたらスト
レートグラスに。口径が狭
く、舌の上を一直線に流れ
るので味の広がりを抑え、
すっきり飲むことができる。

〈 どうにも飲みづらい 〉

温度を変えてみる

冷酒の状態で刺激が強いと感じたお酒を温めると、甘みが増して口当たりがやわらかくなることがある。適温はお酒によって様々なので、いろいろと温度を変えて試してみよう。

\ イマイチ…… /
冷

\ まあまあ /
ぬる燗

\ おいしい /
熱燗

\ ここだ! /
燗酒が
少し冷えた頃

どんなお酒も
一度はお燗にしましょう

合いそうなおつまみを
イメージするのもアリ

苦手だと感じたときは、そのお酒の短所を生かすおつまみをイメージしてみよう。たとえば酸を強く感じるなら、脂の乗った肉料理などに合うはず。合わせる料理によってお酒の短所は長所に変わるのだ。

酸が強い ➡ お肉に合うかも？

甘すぎる ➡ フルーツと合わせてみようかな

濃すぎる ➡ 珍味とチビチビいってみよう

酒器のお手入れ方法

　デリケートな薄手のグラスや、注ぎ口の小さな徳利（とっくり）など、酒器には洗うのが難しいものが多い。しかし、酒器は基本的には水（またはお湯）洗いでOK。食器用の洗剤を使う場合は、洗剤が残らないように必ず何度もゆすぐこと。また、生乾きを防ぎ、完全に乾燥させることも大切だ。日本酒をおいしく味わうためには、酒器のお手入れに手を抜いてはいけない。

〈 グラスの場合 〉

よく洗う

グラスを蛇口にぶつけないように注意しながら、水またはお湯でしっかりと洗う。汚れが目立つ場合は洗剤を使ってもよい。

> 基本は水洗いで十分。洗剤を使う場合は、残らないように何度もすすぐこと。

水分を拭き取る

グラスの脚（ステム）と台座を拭いた後、布巾で丸いボウル部分を優しく包み、水分を十分に拭き取る。

> 薄手のグラスは割れやすいため、力の加減に注意。手を怪我しないように。

完全に乾かす

通気性のよいところで乾かし、完全に乾いたら保存場所にしまう。

日本酒が「まずい」。酒器の汚れが原因かも

酒器に水分や汚れが残っていると、それが嫌な臭いに変化して、お酒の風味を損ねてしまうことがある。お酒をおいしく味わうために、酒器の洗浄と乾燥は完璧を目指そう。

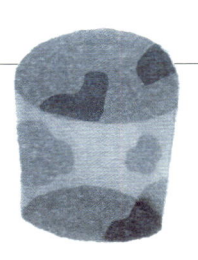

〈 徳利の場合 〉

よく洗う

外側は通常の食器用スポンジで洗い、内側は専用のブラシなどでしっかりと汚れを落とす。洗剤を使う場合は何度もすすぐこと。

徳利用ブラシが便利

内側をきちんと洗うためには、徳利用の細型のブラシが便利。

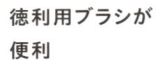

水分を拭き取る

布巾を使って、表面についた水分を拭き取る。

逆さにして乾かす

食器乾燥用ラックなどの乾燥台に、逆さに置いて乾燥させる。下に空間があるため通気性がよく、中までしっかり乾かすことができる。

家飲みの楽しみ方

意外な
組み合わせが
ハマるね

楽しみ方 1

おつまみ
持ち寄り
ペアリング
の会

　毎回、テーマとなる「主役のお酒」を決め、それに合わせて各自が「合いそう」と思った料理を持ち寄る。みんなでワイワイ楽しみながら、お酒と料理の意外な組み合わせを発見する絶好のチャンス。普段は日本酒となかなか合わせようと思わない変わったメニューを持ってくれば、さらに盛り上がるだろう。会の途中で、「このお酒にはフライドチキンだ！」と、近所のコンビニに走るのもまた一興だ。

誰の器が一番おいしいかな？

2 楽しみ方

酒器持ち寄り飲み比べ会

　各自、家にある自慢の酒器を持ち寄る。1本のお酒をそれぞれの酒器で飲み比べ、誰の酒器が最も「おいしい」という票を集めるかを競ってもよい。お酒によって酒器との相性が異なることや、人による好みの違いを比べることができるのが面白い。気に入った酒器は、どこで買ったのか、どのメーカーの商品なのかを持ち主にぜひ教えてもらおう。

まるで別の
お酒みたい!!

御試山

楽しみ方 3 1本のお酒の変化を楽しむ会

　1本のお酒を、温度を変えて飲み比べてみる。冷酒から熱燗まで、温度計で温度を測りながら、それぞれの好みの温度を探ってみよう。友達と一緒なら、なかなか1人ではチャレンジする勇気が出ない高級な「大吟醸」のお燗にも楽しく挑戦できるはずだ。さらに温度を変えるだけではなく、酒器やおつまみによってどのように味わいが変化するのかを比べてみてもよいだろう。

1人で秘密の実験飲み

1人で日本酒を「実験」する。ポテトチップスなどのジャンキーなおつまみに合わせてみたり、塩などの調味料との相性を徹底的に探ったり、ラーメン用の丼で飲んでみたり……。1人なら、どんな飲み方をしても誰にも怒られない。お酒のおいしさを追求するために実験は不可欠。好奇心を持っていろいろと試すことで、自分史上最高の「おいしいお酒」に出合えるかもしれない。

日本酒を極めるマニアックな技

#1

天気や湿度でお酒を選ぶ

　ここでは買ってきたお酒をより楽しむためのテクニックを紹介します。まず、何本かお酒のストックがあって「今日は何を飲もう？」と迷ったとき。その日の「天気」に注目してみると面白いですよ。

　人の味覚は湿度によって変化します。カラッと晴れた日は舌が乾いて味覚が敏感になっているため、重いお酒を飲むと舌が驚いて「きつい」と感じます。また、雨の日など湿度が高いときは味覚が鈍感になっているため、すっきりしたお酒だと物足りなく感じてしまいがちです。
「晴れた日にはすっきりしたお酒」「雨の日には濃厚なお酒」と覚えておくと、お酒選びがより上手になります。

〈 天気とお酒との相性 〉

 晴れの日 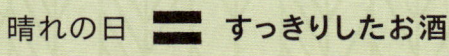 すっきりしたお酒

 雨の日 　濃厚なお酒

#2

加水とブレンド

〈 加水 〉

日本酒は「そのまま飲む」ことが常識になっていますが、実は水を加えてもいいのです。生原酒(なまげんしゅ)など「重い」と感じたときに少しずつお水を加えることで飲みやすくなります。お水は国産の天然水、地域も酒蔵と近い方がいいですね。海外の硬水はNG。また加水の量は多くてもお酒の3割程度までにしましょう。お水を加えてお燗にする「加水燗(かすいかん)」は、日本酒界の著名な先生たちも嗜んでいたそうですよ。

〈 ブレンド 〉

これは裏技。ブレンドのルールは「同じ蔵のお酒」。仕込み水が同じなため、味が調和しやすいのです。大吟醸と純米、また酵母違いなどでブレンドしてみると味の変化を楽しめます。僕の場合、スパイスを使った複雑な味わいの料理と合わせてみて「ちょっと甘みがほしい」「ちょっと旨みを増したい」と感じたときにやります。お店でやると怒られるかもしれませんので、こっそり試してくださいね。

#3

自家熟成は酒好きのロマン

　日本酒は変化しやすい繊細なお酒であると同時に、賞味期限のない「丈夫さ」もあるお酒です。家飲みが好きな人に一度試してほしいのが「自家熟成」。温度は冷蔵でも常温でもいいのですが、紫外線にだけは当たらないようにし、振動のない安定した場所で寝かせましょう。冷蔵の方がゆっくり、常温の方は早く熟成が進みますね。期間は3日から長ければ10年、20年と大切に熟成させる人もいます。

　熟成でお酒の味がどうなるか、こればかりは飲んでみないとわかりません。味が複雑になったり、香りが取れて旨みが増したりなど、面白い変化が味わえますよ。未開封が原則ですが、僕は開栓後も味が硬い、バランスがイマイチと感じたときに数日程度の短期間熟成を試します。

繊細な生酒も
熟成させて
OK!

旨みが増す?
複雑な
味に期待

飲んで
みるまで
わからない!

Part 5

竹口敏樹推薦
一度は飲むべき日本酒30

日本全国の酒蔵に足を運び、まだ見ぬ美酒を
探し続ける「銘酒ハンター」でもあるマスターが、
今読者に知ってほしい、一度は味わってほしい
本当においしい銘酒30をセレクト。
マスターの熱い解説とともに紹介する。

[ページの見方]

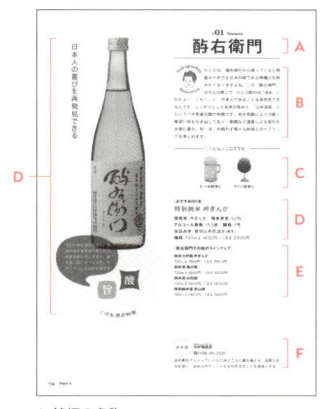

A. 銘柄の名称
B. 竹口敏樹の解説コメント
C. おすすめしたい人（Part 1の診断結果参照）
D. 銘柄の中でも特におすすめの商品について
E. 同じ銘柄のその他のラインナップ
F. 酒造の紹介

#01 Yoemon
酩右衛門

日本人の喜びを再発見できる

たとえば、海外旅行から帰ってくると時差ボケ中でも日本の味である味噌汁を飲みたくなりますよね。この「酩右衛門」はそんな感じで、ひと口飲めば「ああ、これだよ！ これ！」と、日本人であることを再発見できるんです。しっかりとしたお米の旨みと、「口中芸術」ともいうべき見事な酸が特徴です。完全発酵により力強く奥深い味を引き出しており、熱燗など温度による変化も非常に豊か。和・洋・中問わず様々な料理とのペアリングを楽しめます。

＼ こんな人におすすめ ／

ビール好きに

ワイン好きに

［おすすめの1本］
特別純米 吟ぎんが

使用米：吟ぎんが　**精米歩合**：50％
アルコール度数：15.5度　**酵母**：7号
仕込み水：奥羽山系伏流水（軟水）
価格：720mℓ 1450円／1.8ℓ 2900円

［酩右衛門その他のラインナップ］
純米大吟醸 吟ぎんが
720mℓ 1950円／1.8ℓ 3900円
純米酒 亀の尾
720mℓ 1600円／1.8ℓ 3200円
純米酒 山田錦
720mℓ 1500円／1.8ℓ 3000円
特別純米酒 美山錦
720mℓ 1400円／1.8ℓ 2800円

やわらかな酒質ながら、お米の旨みを存分に楽しめる。和食全般に合いますが、焼き鳥（塩）やフレンチ、イタリアンにもおすすめです。

旨　酸

このお酒の特徴

岩手県　かわむらしゅぞうてん
川村酒造店
☎0198-45-2226
岩手県内でもトップレベルの米どころに蔵を構える。良質なお米を使い、お米のポテンシャルを引き出すことを信条とする。

#02 Shuho

秀鳳

フルーティーな恋の味

Takeguchi's Selection

想像してください、今あなたは果物屋さんの前にいます。青々しくてさわやかな香りが鼻をくすぐり、思わずチラッと見てしまいますよね。このお酒はそんな上品な香りが特徴です。しかしひとたび口に含めば隠れていた旨みが甘さと一緒にふくらみます。さらにのどもとで感じるキレは抜群！　私はこれを「片思いの恋」のような味だと考えています。相手の魅力に吸い寄せられ、距離が近づくと新しい魅力に気づいてメロメロに。さらに手を伸ばしたところですっと消えていく……こんな儚いお酒があるのですね。

＼ こんな人におすすめ ／

ワイン好きに

果実酒好きに

[おすすめの1本]
純米大吟醸 雪女神

使用米：山形県産雪女神　**精米歩合**：35%
アルコール度数：17度　**酵母**：山形酵母（NF-KA）、1601号
仕込み水：蔵王連峰水系を使用した山形市の水を炭素ろ過
価格：720mℓ 2350円／1.8ℓ 4700円

[秀鳳その他のラインナップ]

純米大吟醸 愛山
720mℓ 2000円／1.8ℓ 4000円
純米大吟醸 出羽燦々33
720mℓ 1666円／1.8ℓ 3333円
特別純米 無濾過 雄町
720mℓ 1330円／1.8ℓ 2660円
特別純米 超辛口＋10
720mℓ 1150円／1.8ℓ 2300円

山形県の最新の酒米「雪女神」の艶やかに伸びる味が絶妙。ホワイトソースを使った料理と合わせましょう。

旨

フルーツ香

このお酒の特徴

山形県

秀鳳酒造場
しゅうほうしゅぞうじょう
☎023-641-0026

山形県内外のお米10数種類を使い、ほぼ全量自家精米で醸す。いいお酒を手に取りやすい価格で提供することを心がけている。

羽陽男山

Takeguchi's Selection

日本酒はお米のお酒だと、頭で理解していてもなかなかピンときませんよね。でも「羽陽男山」を飲むと、ホカホカの「蒸したお米」のイメージがピッタリ当てはまり、「なるほど！」と納得してしまうのです。食中酒として魅力を発揮し、特に和食メニューに寄り添ってくれます。1本のお酒を冷やしたり、熱燗にしたり、燗を少し冷ましてみたりと、いろいろな温度帯で味わうのが特におすすめです。同じ商品でも「生酒」と書かれているものは、ちょっと寝かせることで奥深い旨みが増しますよ。

＼ こんな人におすすめ ／

焼酎好きに

ウイスキー好きに

［おすすめの1本］
純米吟醸 酒未来

使用米：酒未来　**精米歩合**：50%
アルコール度数：15.4度　**酵母**：9号
仕込み水：構内の地下100mより汲み上げる蔵王山系由来の伏流水　**価格**：720mℓ 1500円／1.8ℓ 3000円

［羽陽男山その他のラインナップ］
大吟醸壺天
720mℓ 3500円
純米大吟醸 赤烏帽子
720mℓ 1680円／1.8ℓ 3500円
特別純米酒 出羽豊穣
720mℓ 1300円／1.8ℓ 2600円
純米酒 さわのはな
720mℓ 1000円／1.8ℓ 2100円

ホカホカごはんのようなコク

コクと飲みごたえのある1本。冷酒から熱燗までOKです。冷蔵庫で1年ほど寝かせると、さらに奥深い味わいに！

コク

ごはん香

このお酒の特徴

山形県　おとこやましゅぞう
男山酒造
☎023-641-0141

原料を10kgに小分けして洗米・蒸米し丁寧に麹を造る少量造りの蔵。流行に左右されない旨口のお酒が自慢。

#04 Benten

辮天

ラベルを見るとなんとも頑固職人なイメージですよね。しかし後藤酒造店さんはお米を生かすのが非常に巧みなテクニシャン。華やかな香りに、キリッとした力強さ、軽快さも……同じ仕込み水を使っているのにここまで幅のあるお酒を造れるのは驚くべきことです。後藤酒造店さんのお酒は1つの蔵のお酒をいろいろ飲み比べたいという人にぴったり。原料米によってラベルの色が異なるカラフルな「辮天」シリーズはワイン＆果実酒党に。別の銘柄ですが「スパークリングつやひめ」はサワーやビール党におすすめです。

\ こんな人におすすめ /

ワイン好きに

果実酒好きに

［おすすめの1本］
純米大吟醸原酒 出羽燦々

使用米：山形県産出羽燦々　**精米歩合**：48%
アルコール度数：17度　**酵母**：山形吟醸酵母
仕込み水：奥羽山脈吾妻山系の伏流水。蔵敷地内の井戸で地下200mから汲み上げて使用
価格：720mℓ 1700円／1.8ℓ 3200円

［辮天その他のラインナップ］
極上 大吟醸原酒 山田錦
720mℓ 5000円／1.8ℓ 1万円
極上 純米大吟醸原酒 出羽燦々
720mℓ 3300円
純米大吟醸原酒 亀の尾
720mℓ 2500円／1.8ℓ 5000円
特別純米原酒 出羽の里
720mℓ 1400円／1.8ℓ 2800円

山形県
ごとうしゅぞうてん
後藤酒造店
☎0238-57-3136
お米はできるだけ蔵人たち自身が手入れする田で育て、独自の精米技術を開発するなど、素材への徹底したこだわりを持つ。

多彩な個性を飲み比べよう

全体を包む香りにふくらむ味、ほどよい余韻があります。ゆでたホワイトアスパラにフィンガーライムを添えてどうぞ。

余韻

フルーツ香

このお酒の特徴

ゴクゴクいきたいのどごし系

星自慢

Takeguchi's Selection

暑い日にゴゴゴゴーッと飲み干したくなる「さわやかさ」が魅力です。ただ味がキレイというわけではなく、バランスよくふくらむ旨みとそれを後押しする酸が見事。和食だけでなく、フレンチからイタリアンまで幅広い料理に合わせやすいお酒だと思います。ちなみに使用酵母（こうぼ）は9号系、お米は契約栽培米の五百万石（ごひゃくまんごく）を使用。甘みもアルコール度もあるため、しっかりした飲みごたえも楽しめます。相反する印象が違和感なく両立するのは、一つ一つの作業を丁寧に行う造り手だからなせる技ですね。

＼ こんな人におすすめ ／

ビール好きに

サワー好きに

［おすすめの1本］
特別純米 無ろ過生原酒

使用米：(麹)五百万石／(掛)タカネミノリ
精米歩合：(麹)50％／(掛)55％
アルコール度数：17度　　**酵母**：9号系
仕込み水：飯豊山系伏流水
価格：720mℓ 1300円／1.8ℓ 2500円

舌の上で踊り出すほど心地よい酸、キレのよい爽快感が特徴。白身魚や牛肉のカルパッチョがよく合いますよ。

酸

このお酒の特徴

福島県　喜多の華酒造場（きた　はなしゅぞうじょう）
☎0241-22-0268
蔵名には酒の街・喜多方で一番を目指すことと、皆に喜び多く素晴らしいこと（華）があるようにという願いが込められている。

#06 Inasato
稲里

Takeguchi's Selection

恐ろしいまでの「旨み」に特化した銘柄です。味わいのイメージを色にたとえると、木や土のような「茶色」といいましょうか。それもただの色ではなく、人が生きていくうえで必要な「自然に生かされている」と思える色合いかもしれません。雑味ではなく、濃縮された味の中に「輝き」が感じられますね。飲むほどにクセになり、毎日食卓にあってほしいお酒です。ワイン好きならば特にオレンジワインが好きな人、焼酎ならば古酒が好きな人、ウイスキーだけでなくブランデーも愛飲する人にぜひ飲んでほしいです。

＼ こんな人におすすめ ／

ワイン好きに

焼酎好きに

ウイスキー好きに

［おすすめの1本］
純米熟成出荷

使用米：ひたち錦　**精米歩合**：65%
アルコール度数：16度　**酵母**：ひたち酵母
仕込み水：茨城県笠間市の稲田みかげ石、石切山脈地下伏流水「石透水（せきとうすい）」
価格：720mℓ 1620円／1.8ℓ 3240円

［稲里その他のラインナップ］
搾りたて生大吟醸
720mℓ 1836円／1.8ℓ 3672円
初しぼり（自然発泡にごり酒）
720mℓ 1188円／1.8ℓ 2376円
純米しぼったまんまの出荷
720mℓ 1728円／1.8ℓ 3456円
大吟醸 山田錦
720mℓ 3132円／1.8ℓ 6264円

驚愕の「旨み」の虜になる

濃縮されたお米の旨みが特徴。ハード系のチーズやスイーツにも合わせやすい。ロックで飲んでもおいしいです。

旨

このお酒の特徴

茨城県

いそくらしゅぞう
磯蔵酒造
☎0296-74-2002

良質な水とお米に恵まれた稲田地区に位置する。蔵元が目指す「旨さ」を毎年再現するため毎回製法や原料処理を変えている。

あえて磨かない、お米の探求者

ワインや果実酒しか飲まない人に最適な味わい。ジューシーな旨みを感じることができます。

酸

フルーツ香

このお酒の特徴

若駒

Takeguchi's Selection

お米の個性を表現するため、あまり磨きすぎない（最高でも50%、70〜80%がほとんど）低精米での仕込みにこだわる「若駒」。このシリーズは決して押し付けがましくない含み香に、口いっぱいに広がる甘みと旨み、さらにそれをしっかりと支える酸があります。しっかりした味がありながらもフレッシュさあふれるバランス感は秀逸ですね。この個性的な味わいには、一度足を踏み入れると二度と逃げ出せなくなるような、不思議な引力を感じます。

＼ こんな人におすすめ ／

ワイン好きに

果実酒好きに

［おすすめの1本］

愛山90 無加圧採り

使用米：愛山　**精米歩合**：90%
アルコール度数：16.5度　**酵母**：T-ND、T-S
仕込み水：日光山系思川伏流水の井戸水
価格：720mℓ 1728円／1.8ℓ 3465円

［若駒その他のラインナップ］

雄町50
720mℓ 1890円／1.8ℓ 3780円
亀の尾80
720mℓ 1728円／1.8ℓ 3465円
美山錦70
720mℓ 1404円／1.8ℓ 2808円
五百万石80 無加圧採り
720mℓ 1350円／1.8ℓ 2700円

栃木県　若駒酒造
☎0285-37-0429

奈良県「油長酒造」で修業を積んだ6代目が指揮を執る。多くのお米を使い分け、2017年から低精米90%にも挑戦している。

亀甲花菱

「亀甲花菱」のひと口目の印象はとってもソフト。だけどその中にもはっきりとした「強さ」が見える銘柄ですね。ブレないお米の旨みの芯が一直線にのどを駆け抜け、口の中で味や香りが広がります。この広がり具合がまた絶妙で、弾力を感じるというか……たとえるならば「ゴムボール」のようにググググと力強く広がるのです！ 独特の丸みとふくらみは唯一無二。このお酒はゆっくり時間をかけて飲んでほしいです。ウイスキーや焼酎をちびちびと舐めるように飲む人だと、きっとハマると思いますよ。

＼ こんな人におすすめ ／

焼酎好きに

ウイスキー好きに

［おすすめの1本］
純米 無濾過生原酒 美山錦

使用米：美山錦　**精米歩合**：60%
アルコール度数：17度　**酵母**：901号
仕込み水：井戸水と処理した水道水を併用
価格：720mℓ 1250円／1.8ℓ 2500円

［亀甲花菱その他のラインナップ］

雄町純米吟醸 生原酒 無濾過中取り
1.8ℓ 3320円
山田錦 純米吟醸 生原酒 無濾過中取り
1.8ℓ 3320円
純米吟醸 無濾過生原酒
720mℓ 1400円／1.8ℓ 2800円
上槽即日詰 本醸造 生原酒 吟造り
1.8ℓ 2450円

弾力のある（!?）旨みに注目

旨みとコクが調和した、深みのある食中酒。サバやアジなどの焼き魚に合わせると食卓を豪華にランクアップしてくれます。

旨　コク

このお酒の特徴

埼玉県

清水酒造
☎0480-73-1311

埼玉県北部の田園エリアに位置する家族蔵。小規模ながらハイレベルなお酒を造り続けている埼玉地酒の雄。

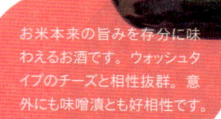

縦に伸びる「酸」が心地よい

木戸泉

Takeguchi's Selection

「木戸泉」は山廃造り特有の「酸」が際立つ銘柄です。ただ「酸」といっても、炭酸のように口の中で横に広がるタイプではなく、ビネガーのようにのどの奥まで伸びるすっぱい「酸」。お米の旨みとコクがしっかりありながら、その風味がスーッと伸びていくのはなんともいえない心地よさです。おつまみを選ぶなら、ちょっとクセの強いチーズや、パンチのあるお料理なんかと合わせると楽しいでしょうね。ウイスキーやブランデーのように、濃醇な味わいをじっくりと楽しんでください。

― ＼ こんな人におすすめ ／ ―

ウイスキー好きに

果実酒好きに

［おすすめの1本］
純米醍醐

使用米：山田錦　　**精米歩合**：60％
アルコール度数：16度　　**酵母**：自社酵母（7号系）
仕込み水：自社井戸水（中硬水）
価格：720mℓ 1230円／1.8ℓ 2500円

［木戸泉その他のラインナップ］
自然舞
720mℓ 1380円／1.8ℓ 2550円
白玉香
720mℓ 1575円／1.8ℓ 3150円
純米アフス生
500mℓ 1050円
しぼったまんま
500mℓ 1000円

お米本来の旨みを存分に味わえるお酒です。ウォッシュタイプのチーズと相性抜群。意外にも味噌漬とも好相性です。

コク

旨　酸

このお酒の特徴

千葉県
きどいずみしゅぞう
木戸泉酒造
☎0470-62-0013
55℃の高温環境で酒母を生成する「高温山廃仕込み」を貫く。2016年より自社生産の自然栽培米に取り組んでいる。

#10 Naruka

鳴海

「鳴海」は、単体で楽しむもよし、料理と一緒に楽しむもよしの、万能タイプです。香りは押し付けがましくない程度のフルーティーさがあり、フレッシュな酸が心地いいですね。続いて口の中で旨みがいっぱいに広がります。厚みのある味は長い余韻を予感させますが、後味はさらっと軽快で後キレのよさがあります。フルーティーさがあるためワイン好きにぴったりですが、ちょいと炭酸で割ってみると、サワー好きな人も気に入りそう。氷を入れてロックにすれば、焼酎ロックが好きな人にも合いそうです。

フレッシュな万能酒。なんと炭酸割りもアリ

＼ こんな人におすすめ ／

ワイン好きに

焼酎好きに

サワー好きに

［おすすめの1本］
特別純米 直詰め生【青】

使用米：五百万石　**精米歩合**：60%
アルコール度数：17度　**酵母**：1801号＋901号
仕込み水：蔵から約700m遡った谷の湧水を濾過して使用（中硬水）
価格：720mℓ 1300円／1.8ℓ 2600円

［鳴海その他のラインナップ］
純米吟醸 山田錦 直詰め生
720mℓ 1600円／1.8ℓ 3200円
ヴァージニティ 純米吟醸 白麹
720mℓ 1500円／1.8ℓ 3000円
純米吟醸 直詰め生【赤】
720mℓ 1400円／1.8ℓ 2800円
特別純米 ひやおろし
720mℓ 1300円／1.8ℓ 2600円
特別純米 直詰め生【白】
720mℓ 1200円／1.8ℓ 2400円

ジューシーで甘さがあります。それも広がる甘みではなく、1点に着地するキレのある甘み。お酒単体でも旨いですね。

3甘　旨

フルーツ香

このお酒の特徴

千葉県
あずまなだじょうぞう
東灘醸造
☎0470-73-5221

南房総の自然の恵みで醸す。「シンプルに、妥協せずにいい酒を造る」をモットーにしており、一本気なお酒にファンは多い。

杯が止まらない！ 危険レベルのなめらかさ

和田龍登水

Takeguchi's Selection

優しくてやわらかくて、スルスルと入っていく……「和田龍登水」は危険なお酒です（笑）。でも本当に不思議な魅力ですよね。香りが強いとか、甘みや旨みが強いとか、そういったわかりやすい派手なポイントでは説明ができない。すっきりだけではなく、飲みやすさの後に上品なお米の風味があり、余韻はふわっと広がりつつもキリッとしまる、そんな奥深いニュアンスのあるお酒です。単体でも飲み飽きしない美酒。米焼酎好きなら間違いなし！

こんな人におすすめ

焼酎好きに

［おすすめの1本］

美山錦

使用米：美山錦　**精米歩合**：49%
アルコール度数：17度　**酵母**：1401号
仕込み水：山からの伏流水
価格：720mℓ 1600円／1.8ℓ 3200円

［和田龍登水その他のラインナップ］

山田錦
720mℓ 1500円／1.8ℓ 3000円
ひとごこち
720mℓ 1400円／1.8ℓ 2800円
ひやおろし
720mℓ 1400円／1.8ℓ 2800円

ふわりとしたふくらみがあり、主張しすぎない料理の名脇役。ウナギの白焼きにワサビをのせるとベストマッチです。

1甘

旨 **余韻**

このお酒の特徴

長野県 和田龍酒造（わだりゅうしゅぞう）
☎0268-22-0461

わずか10年ほど前までは地元のみで愛される「知る人ぞ知る」存在だった和田龍酒造。個性と斬新性のあるお酒に挑み続ける。

#12 Matsuwo
松尾

純米系にこだわり、全国新酒鑑評会でも華々しい成績を残しているのが「松尾」ブランドです。上品な酸と、どこまでも染み入るお米の旨みがいいですね。この銘柄は食事と一緒に楽しむことで存分に力を発揮するタイプです。それも和食だけでなくフレンチやイタリアンなどとも合わせやすい。よく冷やしてワイングラスで楽しんでもいいし、常温でぐい呑みに注いでグイグイ飲むのもよし、さらには熱燗にしてもよし。いろいろな飲み方を楽しめます。

\ こんな人におすすめ /

ワイン好きに

［おすすめの1本］
「斑尾（まだらお）」純米吟醸

使用米：(麹・掛）地元斑尾山麓産契約栽培米／(酒母）長野県産美山錦　**精米歩合**：(麹・掛)59%／(酒母)39%
アルコール度数：15.5度　**酵母**：自社培養酵母
仕込み水：戸隠神社奥社の鳥居周辺を水源とする「鳥居川」水系(軟水)
価格：720mℓ 1389円／1.8ℓ 2760円

［松尾その他のラインナップ］
「松乃尾」純米大吟 プレミアム
720mℓ 3000円／1.8ℓ 6000円
「松牡丹」純米大吟
720mℓ 1760円／1.8ℓ 3519円
「荒瀬原」純米吟醸
720mℓ 1343円／1.8ℓ 2667円
「上水内」純米
720mℓ 1112円／1.8ℓ 2204円

ワイングラスに注いでフレンチのお供に

バランスよく広がる旨みと絶妙な酸が印象的。ヨーグルトを使う「ブルガリア料理」などと合わせても面白いです。

酸　旨

このお酒の特徴

長野県

たかはしすけさくしゅぞうてん
高橋助作酒造店
☎026-255-2007

伝統的な造りを守る実力蔵ながら現代的な香味の表現にも積極的に取り組んでいる。海外からの評価も高い。

海風を受けて育った「魚のお酒」

有磯 曙

「有磯 曙」は、蒸した後のお米を冷たい海風「あいの風」で冷やすなど、海の恵みを最大限に生かして醸すブランドです。高澤酒造場さんのある氷見といえば寒ブリが有名ですよね。この銘柄はまさにブリに合うお酒。一緒に飲めば、お酒が魚の脂に膜を作るかのように包み込み、すっきりと流し込んでくれます。もちろんブリだけでなくいろいろな魚介類と合わせやすく、意外にも肉料理や味噌をベースとした煮込みでも本領を発揮します。素晴らしい食中酒ですね。

―――\ こんな人におすすめ /―――

焼酎好きに

［おすすめの1本］
純米大吟醸

使用米：富山県なんと産山田錦　**精米歩合**：40%
アルコール度数：16度　**酵母**：KZ-4（金沢酵母）
仕込み水：自社井戸水
価格：720mℓ 2750円／1.8ℓ 5500円

［**有磯 曙**その他のラインナップ］
純米吟醸
720mℓ 1800円／1.8ℓ 3600円
純米吟醸 初嵐
720mℓ 1650円／1.8ℓ 3000円
純米酒
720mℓ 1300円／1.8ℓ 2600円
純米酒 大漁旗
720mℓ 1300円／1.8ℓ 2200円

雑味は少なく、お米の旨みが上品に伸びますね。キレのよさも抜群のため、お寿司にぴったりです。

旨

穀物香

このお酒の特徴

富山県　**高澤酒造場** たかざわしゅぞうじょう
☎0766-72-0006
漁師町・氷見の造り酒屋。大量生産をせず、1本1本手間と時間をかけて醸す、小規模だからできるこだわりを貫く。

白岳仙

水やお米へのこだわりはもちろん、昔ながらの槽搾り、100%冷蔵貯蔵など、すべての工程で一切手抜きをしないこだわりが見える「白岳仙」。透明感がありながらもただすっきりしているのではなく、ややフルーティーさを感じることができます。口の中で淡くふくらみ続ける旨み、さわやかな酸が踊り出すような心地いい飲み口、ひと口飲めば全身が爽快感に包まれます。ワイン好きやウイスキー好きにぜひ。ビール好きの中でも特にクラフトビールを好む人にはぴったりのはずです。

＼ こんな人におすすめ ／

ビール好きに

ワイン好きに

ウイスキー好きに

［おすすめの1本］
純米吟醸 奥越五百万石

使用米：福井県産五百万石
精米歩合：(麹)55％／(掛)58％
アルコール度数：15〜16度　**酵母**：自社保存
仕込み水：白山伏流水
価格：720mℓ 1350円／1.8ℓ 2500円

「踊る」酸の爽快感に包まれる

純米吟醸 奥越五百万石

白岳仙
透き通る美V
Hakugakusen

爽快感ある飲み心地と、随所に散りばめられた旨みを味わうことができる。

酸　旨

フルーツ香

このお酒の特徴

福井県

やすもとしゅぞう
安本酒造
☎0776-41-0011

現当主で46代を数える老舗酒造。地下から汲み上げる白山水脈伏流水を使い、お米は100%福井県産にこだわる。

草原を駆け抜けるようなさわやかさ

米宗

青木酒造さんは、近年新たに酵母無添加完全発酵の生酒仕込みを行っているようですね。「米宗」は一般的な生酛・山廃から連想される強い香りではなく、優しくてまるでブーケのようなやわらかな香り。お米の上質な旨みと複雑なニュアンスがありながら、全体をしっかりとした酸が包み込み、フィニッシュは草原を駆け抜けるそよ風のようにさわやか。通常商品はお燗が好きな人や焼酎のお湯割りが好きな人におすすめ、生原酒はワイン好きな人にぜひ飲んでほしいです。

＼ こんな人におすすめ ／

ワイン好きに

焼酎好きに

［おすすめの1本］
生酛 特別純米

使用米：兵庫県産特Ａ山田錦　**精米歩合**：60%
アルコール度数：16.5度　**酵母**：蔵付酵母（無添加）
仕込み水：木曽川の伏流水
価格：720mℓ 1775円／1.8ℓ 3550円

［米宗その他のラインナップ］
生酛 純米大吟醸 山田錦
720mℓ 2225円／1.8ℓ 4450円
山廃 純米吟醸 美山錦
720mℓ 1430円／1.8ℓ 2860円
生酛純米 夢吟香
720mℓ 1475円／1.8ℓ 2950円
純米吟醸 美山錦
720mℓ 1380円／1.8ℓ 2760円
山廃純米
720mℓ 1375円／1.8ℓ 2750円

お米の旨みが「ガツン！」とくるお酒。45〜50℃のお燗にすると、こってりした味付けの料理とも合います。

旨

このお酒の特徴

愛知県
青木酒造
☎0567-31-0778
江戸後期創業の青木酒造は生酛、山廃造り、酵母無添加など昔ながらの造りにこだわる。お燗向きの酸の立つお酒が人気。

夢窓

Takeguchi's Selection

「夢窓」は僕の店のお客さんから教えてもらった銘柄。三重県の地酒屋さんから取り寄せて飲んでみると……深みがあって、コクもしっかり「ほかには真似のできないお酒」だと感じました。新酒を1年熟成させてから出荷しており、ややトロミがあり、お米のパワフルな存在感が特徴的。氷を入れてロックで飲んでも旨みがしっかりと伸び、お燗にすれば口の中にお米の旨みが広がります。幅広い温度帯で楽しんでほしいですね。ウイスキー好きにおすすめ。ほかシェリーやマデイラワイン、ポートワインなどが好きな人もぜひ。

―――――\ こんな人におすすめ /―――――

ウイスキー好きに

[おすすめの1本]
一年熟成 生原酒（無濾過）

使用米：特別栽培米五百万石
精米歩合：60％　**アルコール度数**：18.1度
酵母：三重県酵母（MK-1）　**仕込み水**：布引山系の伏流水
価格：720mℓ 1400円

[夢窓その他のラインナップ]
しぼりたて 無濾過 生原酒
720mℓ 1350円／1.8ℓ 2700円
特別純米
720mℓ 1210円／1.8ℓ 2430円

生原酒

真似のできないパワフルな旨み

お米の旨みを味わえる1本。冷酒ならボルドーグラスに注いでジビエ料理と。燗酒なら煮物などに合わせたいです。

コク

旨　余韻

このお酒の特徴

三重県　**新良酒造**（にいらしゅぞう）
☎0598-21-0256
30年ほど前から全量純米にシフトし、しっかりした個性を持つ純米酒と長期熟成酒だけにこだわり酒造りを続けている。

バランスに優れた癒やし系

#17 Oumitoube
近江藤兵衛

Takeguchi's Selection

香りはうっすらと蒸米のような風味があり、口に含んだときになんとも「癒やし」を感じる旨みがあります。「近江藤兵衛」は全体のバランスが非常に優れており、ファーストアタックからフィニッシュにいたるまで、本当に贅沢な時間を楽しむことができます。食中酒としては和食によし、フレンチによし、さらにはイタリアンやスペイン、ポルトガル料理なんかにも合わせてみたいなーとワクワクします。ワインやクラフトビール、ウイスキーなど、幅広いお酒のファンにおすすめしたいです。

\ こんな人におすすめ /

ビール好きに

ワイン好きに

ウイスキー好きに

［おすすめの1本］
純米 無濾過生原酒

使用米：滋賀県産吟吹雪　　**精米歩合**：60%
アルコール度数：17度　　**酵母**：秋田今野 No.12
仕込み水：鈴鹿山系の伏流水を地下70mから汲み出して使用（軟水）
価格：720mℓ 1350円／1.8ℓ 2600円

［近江藤兵衛その他のラインナップ］
純米吟醸 無濾過生原酒
720mℓ 1550円／1.8ℓ 3100円
純米 中汲み生原酒
720mℓ 1450円／1.8ℓ 2800円
純米吟醸 中汲み生原酒
720mℓ 1650円／1.8ℓ 3300円

口にふくむと、瑞々しいながらもふくよかな味わいが伸びていく。醤油ベースの料理と合わせたいです。

旨

ごはん香

このお酒の特徴

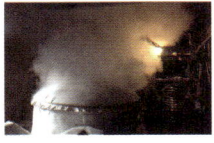

滋賀県
ますもととうべえしゅぞうじょう
増本藤兵衛酒造場
☎0748-42-0129

滋賀県の名杜氏と名高い坂頭宝一氏の技を引き継ぎ、滋賀県産のお米の旨みを引き出す伝統の酒造りを行う。

研究熱心なフルーティー酒

#18 Kazenomori
風の森

Takeguchi's Selection

「風の森」はとても人気の銘柄ですよね。繊細でフルーティーな香りをまとい、お米の味わいを上手に表現しているお酒だと思います。醸造元の油長酒造さんは生原酒に強いこだわりを持っています。さらに私たちがお酒を買って抜栓する瞬間まで蔵の中で飲む味と変わらない味を保つために、お酒を極力空気に触れさせないようにする努力を惜しまないなど、消費者思いの真摯な姿勢が感じられますね。日本酒を造る「菌」の動きを常に研究し続ける熱心な姿には頭が下がります。ワイン、サワーが好きな人におすすめです。

╲ こんな人におすすめ ╱

ワイン好きに　　サワー好きに　　果実酒好きに

[おすすめの1本]
秋津穂 純米しぼり華

使用米：奈良県産秋津穂　**精米歩合**：65%
アルコール度数：17度　**酵母**：7号系
仕込み水：金剛葛城山系深層地下水（超硬水）
価格：720mℓ 1050円

[風の森その他のラインナップ]
ALPHA 風の森 TYPE 1
720mℓ 1150円
秋津穂 純米大吟醸しぼり華
720mℓ 1500円／1.8ℓ 3000円

冷菜から温かい肉料理まで料理に合わせて様々な表情を見せます。フレンチのフルコースにボトルを1本入れてゆるりと楽しみたいお酒です。

フルーツ香

このお酒の特徴

奈良県　**油長酒造**
☎0745-62-2047

1719年から酒造りを続ける老舗蔵だが、1998年から新ブランド「風の森」を展開。革新的な技術でファンを魅了する。

キリッとした切れ味が食事に合う

Takeguchi's Selection

#19 Shinomine
篠峯

千代酒造さんの「篠峯」には幅広いタイプがあります。キリッとした味のものからお米の旨みがしっかりしたもの、フルーティーでジューシーな味のものまで、実に様々。ただ共通していえるのは最後に甘さが残らないこと。キレがよく、フレッシュな酸が洗い流してくれるのが特徴です。キリッとしたタイプは和食に、旨みタイプは肉料理に、ジューシーなものはフレンチやイタリアンとどうぞ。特にこの「凛々雄町純米吟醸」はコクとキレのいい上品な「酸」の味が特徴です。

\ こんな人におすすめ /

ワイン好きに　　サワー好きに　　果実酒好きに

［おすすめの1本］
凛々雄町純米吟醸 無濾過生原酒

使用米：赤磐雄町　精米歩合：60%
アルコール度数：17度　酵母：9号
仕込み水：葛城山伏流水（中軟水）
価格：720mℓ 1500円／1.8ℓ 3000円

［篠峯その他のラインナップ］
愛山 純米大吟醸
720mℓ 2500円／1.8ℓ 5000円
Vert 純米吟醸 亀ノ尾
720mℓ 1700円／1.8ℓ 3400円
Azur 純米吟醸 山田錦
720mℓ 1600円／1.8ℓ 3200円
純米山田錦 超辛 無濾過生原酒
720mℓ 1300円／1.8ℓ 2600円

フレンチやイタリアンと好相性。特にオレンジソースやマンゴーソースなどを使った料理との組み合わせは絶品です。

旨

フルーツ香

このお酒の特徴

奈良県　千代酒造（ちよしゅぞう）
☎0745-62-2301
日本酒発祥の地とされる奈良盆地にある酒蔵。「篠峯」は「熟成しておいしいお酒」がコンセプトの限定流通銘柄。

#20 Katanosakura

片野桜

「うわぁ〜旨っ!!」初めて「片野桜」を飲んだ時に、私の口から漏れた言葉です。そのときは冷酒でいただいたのですが、冷えているのにお米の旨みの凝縮感を存分に味わうことができました。さらにお燗につけてみると、旨みがやわらかく伸びて優れた食中酒へと変貌します。和食・洋食全般に合わせられるお酒ですが、個人的には醤油や味噌を塗った焼きおにぎりを食べると毎回この「片野桜」がほしくなります。焼酎やウイスキー好き、加えてブランデー好きにもおすすめしたいです。

─ \ こんな人におすすめ / ─

焼酎好きに

ウイスキー好きに

［おすすめの1本］
大吟醸 玄櫻

使用米：山田錦　**精米歩合**：38%
アルコール度数：15度　**酵母**：M310
仕込み水：生駒山系伏流水
価格：720mℓ 2500円／1.8ℓ 5000円

［片野桜その他のラインナップ］
純米大吟醸 白櫻
720mℓ 2500円／1.8ℓ 5000円
純米吟醸 かたの桜
720mℓ 1450円／1.8ℓ 2900円
山廃純米無濾過生原酒
720mℓ 1450円／1.8ℓ 2900円
特別純米無濾過生原酒
720mℓ 1300円／1.8ℓ 2600円

旨っ！　思わず声が出る美酒

フルーティーな香りはブーケのようで、味わいのふくらみ具合が絶妙。香草を使った料理との相性がグッドです。

旨

フルーツ香

このお酒の特徴

大阪府

やまのしゅぞう
山野酒造
☎072-891-1046

「日本酒製造の原点は卓越した杜氏（職人）の技術、感性、経験にある」という信念のもと、南部杜氏による酒造りを貫く。

#21 Chikusen

竹泉

「竹泉」は食事と合うこと、熟成すること、純米酒であること、熱燗に向くことをコンセプトにした「食中熟成純米燗酒」ですが、その通りお燗にすると非常に旨いです。「竹泉」を選ぶお客さんには、僕も大概お燗からおすすめしますね。しかし、実はこの蔵のお酒は冷酒でもおいしいんですよ。和食から洋食まで幅広い料理に寄り添う、一家に1本あると大変うれしい銘柄だと思います。ちなみに私は開栓してから2〜3日熟成させた状態で飲むのがお気に入りですので、ぜひ試してみてください。

\ こんな人におすすめ /

ワイン好きに

[おすすめの1本]
醇辛 深緋（こきひ）Vintage

使用米：五百万石　　精米歩合：60%
アルコール度数：15度　　酵母：7号
仕込み水：蔵内地下水　　価格：180mℓ 370円／300mℓ 600円／720mℓ 1550円（箱入り）／1.8ℓ 2800円

[竹泉その他のラインナップ]
純米大吟醸 山田錦 皀色（くりいろ）Vintage
180mℓ 700円／720mℓ 2500円／1.8ℓ 5000円
純米吟醸 山田錦 熨斗目色（のしめいろ）Vintage
720mℓ 2000円／1.8ℓ 4000円
純米吟醸 雄町 飴色（あめいろ）Vintage
180mℓ 480円／720mℓ 1850円／1.8ℓ 3300円
山廃純米 ヨリタ米 茄子紺（なすこん）Vintage
720mℓ 1700円／1.8ℓ 3000円
純米 山田錦 常盤緑（ときわみどり）Vintage
720mℓ 1300円／1.8ℓ 2200円
純米 どんとこい 蔵色（とびいろ）Vintage
720mℓ 1300円／1.8ℓ 2200円
ほか

一家に1本、常備したい純米酒

濃縮されたお米の旨みが素晴らしい味わい。熱燗でキリッと、燗冷ましでゆるりと、食事と一緒にどうぞ。

旨

このお酒の特徴

兵庫県 田治米（たじめ）
☎079-676-2033
夏場は暑く、冬場は寒い但馬・朝来市に蔵を構える田治米。但馬杜氏の丁寧な手造りの酒造を続けているまさに「地酒蔵」。

富久錦

薬味を生かす、感動モノのキレ味

富久錦さんのお酒には、キリッとしたキレのよさに感動してハマりました。すごいのは薬味との相性。わさびやショウガと一緒に味わえば薬味の風味をやわらかく伸ばしながらも、後に残るツンとするクセや辛味だけをキレイに消し去っていく……魔法のようでしょう？　最近はキレのあるタイプだけでなく、お米の旨みを大切にするお酒もあるので、食中酒としてさらに注目していきたいです。この「富久錦」は焼酎好きにぴったりです。このほか、「純青」と書かれたお酒ならばフレンチにぴったりで、ワインやサワー好きにもおすすめです。

\ こんな人におすすめ /

焼酎好きに

［おすすめの1本］

生酛純米 播州古式

使用米：山田錦　**精米歩合**：75%
アルコール度数：16度　**酵母**：7号
仕込み水：加古川の伏流水を蔵の山手にある井戸から汲み上げて使用（軟水）
価格：720mℓ 1300円／1.8ℓ 2600円

［富久錦その他のラインナップ］

純青 愛山 純米吟醸
720mℓ 1600円／1.8ℓ 3200円
純米吟醸 播磨路
720mℓ 1500円／1.8ℓ 3000円
純青 山田錦 特別純米
720mℓ 1500円／1.8ℓ 3000円
低アルコール純米 Fu.
500mℓ 877円

お酒の味わいはやわらかで、お米の旨みがぎっしり。山菜料理などと合わせたいですね。

旨

このお酒の特徴

兵庫県　ふくにしき
富久錦
☎0790-48-2111

生酛造りを基とした古式醸造法をアレンジした手法で醸す個性派酒造。毎年新たなチャレンジで品質向上に取り組んでいる。

いなば鶴

中川酒造さんは鳥取県固有の酒米「強力」を復活させた蔵として知られています。強力を使った「いなば鶴」シリーズは、お米の名前の通り（笑）かなり力強いタイプが多い印象。まるでお米の旨みそのものをギュッと固めたような味わいで、寝かせれば寝かせるほど旨みがやわらかく、コクのあるお酒になります。ラインナップにある「ろくまる強力」は基本的にはお燗向けのお酒で、60℃程度のちょっと熱めにしてから、ゆっくり温度が下がっていく過程を楽しんでください。また、春に出荷される生酒は冷酒でも常温でも楽しめますよ。ボルドーグラスでどうぞ。

＼ こんな人におすすめ ／

ウイスキー好きに

［おすすめの1本］
純米大吟醸 強力

使用米：強力　**精米歩合**：40%
アルコール度数：16度　**酵母**：9号
仕込み水：源太夫山麓の井戸水（弱軟水）
価格：720mℓ 3000円／1.8ℓ 6000円

［いなば鶴その他のラインナップ］
純米吟醸 五割搗き強力
720mℓ 1700円／1.8ℓ 3100円
特別純米 ろくまる強力
720mℓ 1600円／1.8ℓ 2900円
純米酒 キモト強力
720mℓ 1500円／1.8ℓ 2900円

「お米そのもの」を固めたような酒質

個性の強い強力米を見事美酒に仕上げた、まさに芸術品。地元・鳥取名産の「松葉ガニ」を合わせたら口福です。

旨　コク
穀物香

このお酒の特徴

鳥取県　中川酒造
なかがわしゅぞう
☎0857-24-9330

土地の味「テロワール」を感じる酒造りに取り組む蔵。鳥取県固有の酒米・強力を使い、炭素ろ過などは一切行わない。

#24 Takaji
多賀治

Takeguchi's Selection

飲み飽きないキレのバランスを大切にして醸す十八盛酒造さん。中でも限定流通酒として人気を集めるのがこの「多賀治」ブランド。驚くのはフレッシュでジュワッとした飲みごたえ。お酒単体でも十分においしくいただける美酒です。料理はフルーツやトマト、ハーブを使ったもの、またオリーブオイルやビネガーを使ったものと好相性ですね。フルーティーで心地よい飲み口のため、ワインやサワー好きならきっと気に入るはずですよ。

\ こんな人におすすめ /

ワイン好きに

サワー好きに

［おすすめの1本］
純米雄町 無濾過生原酒
使用米：岡山県産雄町　**精米歩合**：68%
アルコール度数：16度　**酵母**：9号
仕込み水：高梁川水系（軟水）
価格：720mℓ 1350円／1.8ℓ 2700円

［多賀治その他のラインナップ］
純米吟醸山田錦無濾過生原酒
720mℓ 1600円／1.8ℓ 3200円
純米大吟醸朝日無濾過生原酒
720mℓ 1400円／1.8ℓ 2800円
山廃純米雄町
720mℓ 1500円／1.8ℓ 3000円

純米雄町 多賀治 Junmai Takaji

フレッシュでジュワッ！　心地よい飲み口

フレッシュな酸が口いっぱいに広がり、のどもとで絞るようにキレていきます。柑橘類や白カビチーズを合わせたいです。

酸

フルーツ香

このお酒の特徴

岡山県

十八盛酒造
（じゅうはちざかりしゅぞう）
☎086-477-7125
食中酒に強い銘蔵。丁寧な洗米と麹造り、上槽後すぐの瓶詰めの3点にこだわり、フレッシュなお酒を提供する。

身震いするほどの完成度

開春

Takeguchi's Selection

飲めば飲むほど「すごいなー」と連呼してしまう銘柄です。完成度が非常に高く、とにかく「あーおいしい！」と、感動を通り越してゾクゾク身震いしてしまいます。「開春」シリーズはどれも素晴らしく、またどんな料理にも合わせてみたくなります。飲み方もバリエーション豊かで、冷やした状態からお燗までいろいろ楽しむことができますね。ワイン好きにおすすめですが、万能で幅広く好まれるので、ホームパーティーなどにあると非常にうれしい1本です。普段日本酒をなかなか飲まない方にもぜひ試してほしいです。

＼ こんな人におすすめ ／

ワイン好きに

[おすすめの1本]

純米超辛口

使用米：神の舞　**精米歩合**：60％
アルコール度数：15度　**酵母**：9号
仕込み水：蔵から約3kmの山中より湧き出る水をパイプラインで引いて使用
価格：720mℓ 1350円／1.8ℓ 2700円

[開春その他のラインナップ]

侃（おん）
1.8ℓ 2900円
西田
720mℓ 1550円／1.8ℓ 3050円
特別純米
720mℓ 1750円／1.8ℓ 3100円
石見辛口
1.8ℓ 2200円

「超辛口」という名前からはスッキリした味を想像しますが、しっとりと酸とお米の旨みがあり、飲み飽きしません。

旨　酸

このお酒の特徴

島根県　若林酒造（わかばやししゅぞう）
☎0855-65-2007

使用する原料は極力生産者の顔の見える契約栽培にこだわり、10数年前からは生酛や木桶仕込みにも取り組んでいる。

#26 Hanahato
華鳩

榎酒造さんの代名詞である「貴醸酒（きじょうしゅ）」は、仕込み水の代わりにお酒を使う贅沢な日本酒のこと。「貴醸酒」といえばただの「甘いお酒」だと思われがちですが、「華鳩」シリーズは甘酸っぱくさわやかな酸を感じるものから、チョコレートと一緒に飲みたくなるようなコクのあるもの、にごり系といろいろなタイプがあります。洋酒や果実酒を好きな人は、ぜひ貴醸酒の飲み比べをしてほしいです。ちなみに「華鳩」でも貴醸酒以外の「しぼり花ハト」無濾過生原酒（むろかなまげんしゅ）シリーズもおすすめ。豊かな旨みと酸があり、飲み飽きしません。

＼ こんな人におすすめ ／

ワイン好きに

ウイスキー好きに

果実酒好きに

［おすすめの1本］
さわやか貴醸酒〜白麹混合仕込み〜

使用米：（麹）秋田県産めんこいな（乾燥白麹）／兵庫県産コシヒカリ／（掛）広島県産中生新千本、ひとめぼれ、あきさかり、コシヒカリ、にこまる、ヒノヒカリ、恋の予感、兵庫県産コシヒカリ
精米歩合：70%　**アルコール度数**：15度
酵母：7号　**仕込み水**：井戸水（中軟水）
価格：500mℓ　2000円

［華鳩その他のラインナップ］
しぼり花ハト さわやか貴醸酒 無濾過生原酒
500mℓ 2000円
貴醸酒 8年貯蔵
500mℓ 2000円
純米吟醸 中汲み
720mℓ 1600円／1.8ℓ 3000円
しぼり花ハト 純米吟醸 中汲み 無濾過生原酒
720mℓ 1600円／1.8ℓ 3000円

[広島県] 榎酒造（えのきしゅぞう）
☎0823-52-1234
「ホッとやすらぐ酒。」をキャッチフレーズとする「華鳩」を醸す。「貴醸酒」を全国で最初に商品化した蔵としても知られている。

甘い、だけじゃない貴醸酒のパイオニア

「甘い」＝「貴醸酒」と思っていたら驚くほど心地よい「甘酸」のお酒です。果実酒・ワイン好きに。

4甘　酸

このお酒の特徴

ずっと飲んでいたい、すごいお燗

#27 Ryusei
龍勢

藤井酒造さんは真摯に純米酒造り、生酛（きもと）造りに取り組んでいる蔵です。代表銘柄「龍勢」の特徴は「燗にして旨い、燗映えする」こと。ゆるりゆるりとおつまみをつつきながら、大切な友人や家族と一緒に「ずっと飲んでいたい」と思える……そんな銘柄です。キリッとしたキレのよさがあり、お燗が旨いのはもちろん、冷やしても美味で、常温の状態でも食中酒としての魅力を発揮するなど、幅広い温度で楽しめます。家に常備しておきたいお酒です。

＼ こんな人におすすめ ／

ワイン好きに

焼酎好きに

［おすすめの1本］
純米吟醸 白ラベル

使用米：山田錦　**精米歩合**：60％
アルコール度数：17〜18度　**酵母**：9号系
仕込み水：賀茂川上流伏流水
価格：720mℓ 2000円

［龍勢その他のラインナップ］
生酛 純米大吟醸 別格品
720mℓ 5000円
純米大吟醸 黒ラベル
720mℓ 2727円
生酛 備前雄町
1.8ℓ 3240円
和みの辛口 特純
1.8ℓ 2500円

雑味は少なく、お米の旨みが全体に染みわたります。料理を選ばず、ずっと飲んでいたいと思える優しい味です。

旨

このお酒の特徴

広島県 藤井酒造（ふじいしゅぞう）
☎0846-22-2029
造りは全量純米酒。完全発酵による食中酒にこだわる。お酒に対して「頑固」で「一途」な姿勢を貫いている。

#28 Fukucho

富久長

Takeguchi's Selection

今田酒造本店さんは全国で唯一、幻の酒米といわれる「八反草」で酒造りを行う蔵元さんです。「富久長」はどれも全体的なバランスのよさが素晴らしいですね。冷やしてもいいですがお燗が旨い。料理を合わせるならば、地元の瀬戸内海で穫れた魚介類、それに柑橘類を使ったドレッシングやソースとも相性がいいですね。また「生酒」とラベルにあれば要チェック。瑞々しさの中にも品格のある酸が生き生きと感じられ、ずっと飲んでいたいと思わせてくれますよ。

\ こんな人におすすめ /

ワイン好きに

焼酎好きに

［おすすめの1本］

純米吟醸 八反草

使用米：契約栽培復活米八反草
精米歩合：(麹)50％／(掛)60％
アルコール度数：16度　**酵母**：広島県酵母
仕込み水：自家井戸から汲み上げる軟水
価格：720mℓ 1500円

［富久長その他のラインナップ］

純米大吟醸 八反草50
720mℓ 2000円程度
純米吟醸 山田錦
720mℓ 1500円
白麹純米酒 海風土（seafood シーフード）
720mℓ 1500円／1.8ℓ 3000円
辛口特別純米酒 鼓
720mℓ 1300円

幻の米が生む、品格のある酸

なめらかな風味とキレのよさが際立ちます。1杯、また1杯と杯を進ませてしまうお酒です。

2甘

酸　旨

このお酒の特徴

広島県

いまだしゅぞうほんてん
今田酒造本店
☎0846-45-0003

「吟醸酒」を発明した広島杜氏の里にある今田酒造本店。地元在来品種の酒米「八反草」の復活にも力を注いでいる。

中島屋

力強く飲みごたえのあるお酒に定評がある中島屋酒造場さん。「中島屋」はお燗にしても味わいが崩れることなく、伸び伸びとしたやわらかな旨酒です。一度このお酒をお燗にする喜びを経験したら、いつもの食卓が一層豪華に感じられることでしょう。また、通常の速醸造りシリーズは「中島屋」ですが、生酛仕込みは「カネナカ」という名称で展開しており、こちらもとても有名です。ワイン党、焼酎党はぜひ手に取ってみてください。

こんな人におすすめ

ワイン好きに　　焼酎好きに

［おすすめの1本］
純米吟醸酒

使用米：山田錦　**精米歩合**：50%
アルコール度数：16度　**酵母**：自社培養酵母
仕込み水：神交川伏流水。ドイツ硬度50
価格：720mℓ 1500円／1.8ℓ 3000円

［中島屋その他のラインナップ］
純米大吟醸酒
720mℓ 2100円／1.8ℓ 4200円
純米無濾過生原酒
720mℓ 1340円／1.8ℓ 2680円
純米酒
720mℓ 1300円／1.8ℓ 2600円

温度で遊ぶ喜びに満ちた名酒

派手さはないものの、優しいお米の旨みが口いっぱいに広がります。冷酒〜燗まで幅広い温度帯で楽しめますよ。

旨

このお酒の特徴

 山口県
中島屋酒造場
☎0834-62-2006
「地の米・地の水・地の人」というオール山口で製造・販売を行う酒蔵。生酛から速醸、吟醸造りなど様々な手法を行う。

媛一会

Takeguchi's Selection

「媛一会」はお酒を搾ってすぐ瓶詰めをして1℃の冷蔵庫で貯蔵し、フレッシュと熟成の間「微熟感」が漂う銘柄です。その特徴は温度によって表情が大きく変わること。キリッとよく冷やした状態だと川魚塩焼きなど若干の苦みがポイントの料理とよく合います。しかしお燗にすると「おふくろの味」のような肉じゃがや切り干し大根、ひじき煮などがよく進みます。同じお燗でもいろいろな温度帯の違いを味わうと楽しいですよ。焼酎好き、中でもお湯割りファンにおすすめです。

冷と燗、2つの顔を持つ微熟酒

——＼ こんな人におすすめ ／——

焼酎好きに

[おすすめの1本]
小槽袋搾り 純米吟醸 定番酒

使用米：松山三井　**精米歩合**：60%
アルコール度数：15度以上16度未満
酵母：愛媛酵母
仕込み水：石鎚山系、高輪山系伏流水。蔵内地下10mの井戸より使用
価格：720mℓ 1480円／1.8ℓ 2960円

[媛一会その他のラインナップ]
山廃仕込 純米吟醸 無ろ過生原酒
720mℓ 1600円／1.8ℓ 3100円
夏酒 純米吟醸 無ろ過生原酒
720mℓ 1480円／1.8ℓ 2960円
無ろ過 純米吟醸 瓶火入 夏越酒
720mℓ 1480円／1.8ℓ 2960円
旨口 純米
720mℓ 1100円／1.8ℓ 2200円

冷酒で飲むとコクがあり、甲殻類と合わせると絶妙です。温度を上げるにつれて味が広がり、醤油と好相性に。

コク

このお酒の特徴

愛媛県 武田酒造（たけだしゅぞう）
☎0898-66-5002
良質な県内産のお米を多く使用。口当たりのよさを追求するため、小さな「槽」を使い2日かけてじっくり搾る手造りの酒蔵。

日本酒イベントに参加しよう

#1

　最近は全国で様々な「日本酒イベント」が開催されていますよね。「これから日本酒を知りたい」という日本酒ビギナーにおすすめしたいのが、各都道府県の酒造組合が主催する「お酒の試飲会」です。1000〜2000円台ほどで参加でき、その県の様々な蔵のお酒を飲み比べて自分の好きな味を探すことができます。「おいしい」と感じたらブースの人に声をかけ、販売店などを聞くといいでしょう。僕は各蔵の「和らぎ水」だけを飲み、そこから面白いと思うお酒を探します。「水」の違いとお酒に与える影響がよくわかるので、ぜひ試してみてください。ちなみに開催情報は県の酒造組合ホームページなどにありますので、好きな「都道府県」「酒造組合」で調べると簡単にわかりますよ。

　また、「飲み歩きイベント」は楽しいものですが、歩きながらだと酔いやすいので注意して、水をしっかり飲むように心がけましょう。勇気を持って参加してみてくださいね。

Part 6

日本酒が止まらない
カンタンおつまみ

日本酒をもっと楽しむには、ぴったりの
「おつまみ」の存在も忘れてはならない。
ここでは料理初心者でも作れる
カンタンおつまみレシピを紹介。
「鎮守の森」で出すこともある、
まさに日本酒のための品々、ぜひお試しあれ。

マグロのユッケ

意外な組み合わせが
お酒に合う秘密

材料（2人分）

マグロ（赤身）……約80g
梨……1/2個
長ねぎ……1/2本
うずらの卵……1個
ユッケだれ（市販のたれ）……20g
万能ねぎ……少々

切って混ぜるだけのシンプルなおつまみ。ポイントは
ユッケの下に敷いた「梨」。ユッケだけでも美味だが、
梨を一緒に食べることで軽くさわやかな印象になる。

作り方

1）マグロは食べやすい大きさに拍子木切り、長ねぎは粗みじん切りにする。ボウルに入れてユッケだれと混ぜる。
2）梨を薄切りにして器に並べる。
3）②の上に①を盛り、中心にうずらの卵を落とす。万能ねぎの小口切りを散らす。

合わせるのは

  **な**お酒

香りが強すぎなければどんなお酒もOK。このおつまみは「梨の風味」がポイントなので、フルーツ系のニュアンスがある日本酒と特に相性がいい。

[サラダ]

もんじゃサラダ

みんな大好きなマヨ＆ソース！
大皿でシェアしよう

材料（2人分）

揚げ中華麺（市販の細麺）……1玉
キャベツの千切り……ひとつまみ
レタス……2枚
温泉卵……1個
タレA（白ワインビネガー大さじ3、
オリーブオイル大さじ3）
マヨネーズ、好みのソース、青のり、
カットレモン……各適量

「お好み焼き」と同じ味付けで万人受けしやすいので、パーティーなどに最適なおつまみ。揚げ中華麺のサクサクした食感も楽しい。

作り方

1）器に食べやすくちぎったレタス、揚げ中華麺、キャベツの順に盛る。
2）タレAをかけ、真ん中に温泉卵をのせる。
3）マヨネーズ、ソースをかけ、青のりを振ってレモンを添える。

合わせるのは

2甘 **ガス** な**お酒**

ソースとマヨネーズの味はやや重さがあるため、合わせるお酒はやや軽めがよい。スキッと爽快感のあるスパークリングがおすすめ。

まるで明太パスタ!? 独特の食感がクセになる

［炒め物］

しらたきの明太子炒め

材料（2人分）

しらたき……1袋（180g）
明太子……1腹
塩……少々

「明太パスタ」をしらたきで代用した和風おつまみ。明太子の風味があるので味付けはシンプルでも本格的になる。しらたきの食感も面白い。

作り方

1） しらたきをざく切りにし、熱湯でさっとゆでて水気を切る。
2） 明太子の皮に包丁で切り目を入れ、スプーンで中身を出す。
3） フライパンを弱火で熱してしらたきを入れ、1分ほど空炒りする。②を加えてさっと炒め合わせ、好みで塩を振る。

合わせるのは

 **1甘** **旨** な**お酒**

明太子の風味を邪魔しないようなすっきり&キリッとした透明感のあるお酒ならスイスイ止まらなくなりそう。香りでなく、旨みのあるタイプ。

セロリのきんぴら

サクッと食感で
セロリ嫌いもパクパク！

材料（2人分）

セロリ ……2本
赤唐辛子（輪切り）……約10個
酒、醤油 ……各大さじ2
だし汁 …… 小さじ1
砂糖 ……ひとつまみ
サラダ油 …… 少々
ごま油 …… 適量

セロリをごま油で炒めた一品。サクサクと軽めの食感と、ごま油の風味、ピリッとした辛みが特徴。クセが消えるので、セロリが苦手な人にもおすすめ。

作り方

1） セロリは茎の筋を取り、3mm幅の斜め薄切りにする。葉はざく切りにする。
2） フライパンにサラダ油を熱し、赤唐辛子を入れたらすぐに①を加え、強火で手早く炒める。
3） 全体に油が回ったら、酒、だし汁、砂糖の順に入れて炒め合わせる。さらに醤油を加え、汁気がなくなるまで炒めたら火を止めてごま油を回しかける。

合わせるのは

 **酸** な**お酒**

おすすめは「酸」のあるすっきりタイプ。それもレモンのように「すっぱい」と感じるお酒がベスト。口の中の油を洗い流してくれる。

さきいか磯辺揚げ

驚き度 No.1 のカンタンレシピ

材料（2人分）

さきいか ……20g
天ぷら粉 ……50g
小麦粉、青のり ……各適量
好みでマヨネーズ、一味唐辛子

コンビニでも手に入る「さきいか」が青のりと出合うと……あら不思議、磯の香りが食欲をそそる絶品おつまみに大変身。おやつにもぴったりだ。

作り方

1) さきいかに小麦粉をまぶす。
2) ボウルに天ぷら粉と水（表示通り）を入れて混ぜ、青のりたっぷり加えて混ぜ合わせる。
3) ①を1本ずつ②にくぐらせ、170℃に熱した油で揚げる。器に盛り、好みでマヨネーズ、一味唐辛子を添える。

合わせるのは

1甘 な**お酒**

豊かな風味を味わうため、すっきりシャープなお酒と合わせるとよい。このおつまみは万能型なので、ビールや焼酎など幅広いお酒と好相性だ。

焼きそば春巻き

B級＆中華
パンチの効いた一品

材料（2人分）

春巻きの皮 …… 2枚
焼きそば用中華麺 …… 1玉
焼きそばの具材（ベーコン、キャベツ、
ピーマンなど）…… 適量
サラダ油、オイスターソース、
塩、こしょう、小麦粉、
練がらし …… 各適量

B級グルメファンの大好きなメニュー「焼きそば」を、中華の「春巻き」でアレンジ。ソース＆中華のガツンと濃いめの味付けが特徴。ボリュームもたっぷり。

作り方

1）フライパンにサラダ油を熱し、焼きそばの具材を炒める。中華麺を入れてほぐしながら炒め、オイスターソースを加えて絡める。塩、こしょうで味を整えて焼きそばを作る。

2）①を春巻きの皮で包み、巻き終わりに同量の水で溶いた小麦粉を付けて留める。

3）②を160℃に熱した揚げ油で上下を返しながらカラッと揚げる。器に盛り、練がらしを添える。

合わせるのは

 旨  穀物香 な**お酒**

焼きそばの味に加えて皮の風味もあるため、ほどよく味の濃いお酒がおすすめ。しっかりした米の旨みがある日本酒を合わせればまるで「焼きそば中華定食」？

[小鉢]

玉子豆腐

ツルッとなめらか
蒸し器いらずの小鉢

材料（2人分）

卵 ……1個
だし汁 ……1/2カップ
好みでわさび、とびこ、めんつゆ（市販）、
万能ねぎ …… 各適量

卵とダシだけの玉子豆腐は、ツルリとなめらかな食感が楽しい。ダシの優しい味わいが口でじんわり広がる。和風のおつまみの魅力が詰まっている。

作り方

1) ボウルに卵をよく溶きほぐし、だし汁を加え、泡立て器でよく混ぜ合わせる。茶こしで濾す。
2) お椀などにラップを敷き、①を等分に流し入れ、茶巾に絞る。つぼめた口は巻いて閉じる。鍋に湯を沸かし、沸騰させないように茶巾を10分ゆで、その後冷水にさらす。
3) ラップを外して器に盛り、好みでわさび、とびこをのせ、万能ねぎを飾る。そのままでもめんつゆをかけてもよい。

合わせるのは

 香 酸 コク 苦 余韻 旨 な**お酒**

オールマイティーにどんなお酒でもOK。フルーティーでも穀物タイプでも、アルコール添加の本醸造や普通酒などもイケる。

イワシの梅干し煮

青魚が梅干しでレベルアップ

食卓に上ることも多い「イワシ」を梅風味に味付けした煮魚。青魚特有の臭みも梅のクエン酸効果でさっぱりさわやかにいただける。

材料(2人分)

イワシ ……2尾
梅干し ……2個
酒 ……1カップ
醤油、みりん ……各1/2カップ
砂糖 ……ひとつまみ
白髪ねぎ ……適量

作り方

1) 梅干し、酒、醤油、みりん、砂糖を混ぜてタレを作る。
2) イワシはうろこを包丁でこそげ取り、熱湯をかけて臭みを取る。
3) フライパンに①のタレを入れて火にかけ、煮立ったら②のイワシを重ならないように並べ入れる。落し蓋をし、煮汁が1/3ほどになるまで中火で煮る。
4) 煮汁ごと器に盛り、白髪ねぎを添える。

合わせるのは

  なお酒

梅のクエン酸と合わせるのは、同じくクエン酸を感じるタイプのお酒。レモン、グレープフルーツのような独特の風味の日本酒と相乗効果を発揮する。

［ 煮物 ］
おから煮

どこか懐かしい
おふくろの味

材料（作りやすい量）

おから……500g
豚バラ薄切り肉……100g
ごぼう……1/2本
にんじん（小）……1本
糸こんにゃく……1/2パック（100g）
サラダ油……適量
タレA（三倍濃縮のめんつゆ……1カップ、
水2カップ）

味付けは「めんつゆ」だけと非常にシンプル。それゆえ、おからや野菜、豚肉といった素材の風味を味わうことができる。ほっと落ち着く家庭の味だ。

作り方

1）豚バラ肉は細切り、ごぼうとにんじんは皮をむいてささがきにする。糸こんにゃくは3cm幅に切り、熱湯でさっとゆで水気を切る。

2）鍋にサラダ油を入れ中火で熱し、①を入れて炒める。全体に油が回ったらタレAを加える。

3）鍋が煮立ったらおからを加え、時々木べらで底から混ぜる。汁気がなくなるまで炒め煮する。

合わせるのは

 **2甘**   な**お酒**

個性的すぎず、甘みや香り、旨みなどのバランスの取れたお酒がぴったり。また、にごりのあるお酒もトロミがおからの風味を伸ばすので面白い。

[珍味]
納豆ブルーチーズ

騙されたと思って試してみない？

材料（2人前）

納豆……1パック
ブルーチーズ……適量

納豆とブルーチーズ、クセの強いもの同士を一緒にしてみると……まろやかで食べやすくなるから驚き。どちらかの素材が苦手でなければ、一度は試してほしい。

作り方

1）　納豆を混ぜる。
2）　ブルーチーズを細かく刻む。
3）　①と②をよく混ぜ合わせる。

合わせるのは

 なお酒

お米の旨みがしっかりした「純米酒」などがぴったり。それも常温から熱燗で合わせると、未体験の風味がどこまでも広がる。

マリアージュの裏技は「薬味」

#1

　日本酒のおつまみ、いかがでしたか？　Part2でも料理と日本酒のペアリングを学びましたが、ここでは料理に追加する名脇役「薬味」にも注目してみましょう。

　まずは「ねぎ」の場合。食べたときの「シャキッ」とした食感、独特の酸が特徴ですよね。この酸は、フルーティーすぎる甘いお酒とは相性が悪いので避けましょう。

　続いて「ショウガ」。この風味が好きな人は、「酸」がありしっかりしたお酒を選ぶと、ショウガの風味がさらに広がります。逆にあまり好きではない人は、「旨み」の強いお酒だと香りをばっさり断ち切ってくれます。

　ラストは「わさび」。基本的には透明感のあるお酒がいいですね。辛さが苦手ならばやはり「旨み」系のお酒を。ワサビの風味は残しつつ、辛みを抑えてくれます。

　これは料理全体の味に合わせるのではなく、「新しい組み合わせ」を探す方法。応用編として試してみてください。

基礎講座
日本酒の不思議

知れば知るほど奥が深い日本酒の世界。
まだまだ「?」と感じることが多いのでは。
ここでは日本酒の様々な不思議をじっくりと解説。
日本酒ファンなら知っておきたい
基礎知識を学ぼう。

日本酒の
集中学習です

Q¹ 日本酒って、どんなお酒?

A お米と水で造る、日本のお酒です

「日本酒」は「お米」と「水」を合わせ（醸造アルコール添加の場合もあり）、麹菌や酵母といった自然の力で発酵させるお酒。日本ならではの原料、風土などを生かして造る「SAKE」として、国が定める「國酒」になっている。ちなみにお酒には原料を発酵させる「醸造酒」と、醸造酒を蒸留した高アルコール度の「蒸留酒」があり、日本酒やワイン、ビールは前者、焼酎やウイスキー、ブランデーなどは後者になる。

〈 日本酒の原材料 〉

米 ＋ 水 →

菌、微生物

「日本酒の新常識」でも「総合力のお酒」だと話しましたね（P16）

〈 お酒の分類 〉

日本酒　ビール　ワイン

醸造酒
じょうぞうしゅ

原料をアルコール発酵させて造るお酒。お米を発酵させると日本酒、麦を発酵させるとビール、ブドウの場合はワインになる。醸造酒は原料の個性がお酒の味に表れやすいと覚えよう。

（麦＋水）
麦芽に含まれるデンプンを糖化し、さらに発酵する。

（ブドウのみ）
ブドウに含まれる糖分をアルコール発酵する。

焼酎　ウイスキー　ウォッカ、スピリッツなど

蒸留酒
じょうりゅうしゅ

一度造った醸造酒を蒸留機で加熱し、気化した部分をさらに冷やして純度の高いアルコールを抽出する「蒸留」によって生まれるお酒。アルコール度は高くなり、糖質などは省かれる。

（米・麦・芋など＋水）
日本酒と並ぶ「國酒」。様々な原料で造る。

（麦など＋水）
麦などを原料とした醸造酒を蒸留し、さらに熟成。

（穀物＋水）
穀物から造った醸造酒を蒸留。アルコール度は高め。

果実酒

混成酒
こんせいしゅ

「混ぜたお酒」。蒸留酒や醸造酒に果実やハーブなどを配合したもの。代表格の梅酒も、「日本酒から」と「焼酎から」がある。リキュールなども含まれる。

（お酒＋果実＋砂糖など）
お酒に果実や砂糖を漬け込むことでできる。

Q2 日本酒は<u>いつからあるの？</u>

A 起源は弥生時代とされています

　日本の「お酒」は3世紀に書かれた『魏志倭人伝』に関連記述を見ることができるほど長い歴史を持つ。弥生時代までは原始的なものだったが、文明の発展とともに姿を変え、室町時代には現在と近い酒造りがされていたそうだ。その後、江戸時代には日本酒造りが確立。戦争など時代の波に翻弄されながらも着実に進化を遂げていった。日本酒の歴史を見てよくわかることは、どの時代の人もやっぱり「お酒大好きなんだな」ということだ。

参照／日本酒造組合中央会

時代

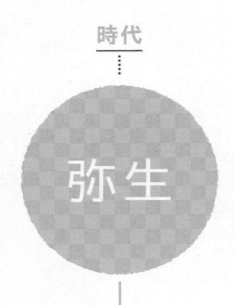

お酒は「稲作」から始まった

すでにお米でお酒が造られていた。口の中で穀物を噛み、唾液の酵素で糖化したものを溜めて発酵させる「口噛み酒」だったという。

大陸から「麹」がやってきた！

中国（当時の周）から麹による方法が日本に伝わった。また朝廷では「造酒司」という役所が設けられ、酒造りの技術が一気に進んだ。

お坊さんのお酒が大ブレイク

寺院で造る「僧坊酒」が人気。お酒は政治（祭事）で飲まれるものであり、庶民はなかなか飲めなかった。この頃には「お燗」も存在していた。

お酒がようやく
庶民の楽しみに

都市化が進み、商業が盛んになった。京都を中心に「造り酒屋」が増えた。木炭を使って「ろ過」するなど、すでに現在の製法がほぼ完成していた。

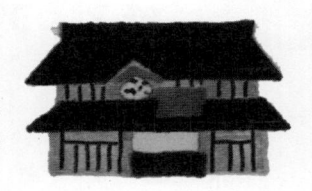

江戸に元祖・地酒
ブームが到来

寒い時期に行う「寒造り」や火入れなど現在の製法が確立された。特に酒処の「灘」から江戸に運ばれるお酒は庶民に大人気だったそう。

国が日本酒を
徹底研究

新政府となり、自家醸造が禁止に。一方で国の醸造試験所が開設し、短期間で醸造できる「速醸」や、「一升瓶」などが誕生した。

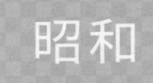

高品質な吟醸酒が
大人気

酒造の近代化・効率化が進んだ。1960〜70年代には地域に根付いた「地酒」がブームとなる。その後は高品質な吟醸酒が人気を集めた。

日本酒ブーム真っ盛り！
若手も続々登場

ワインブーム、焼酎ブームなどで低迷していたが、酒米・酵母の開発や醸造技術の向上により味わいのバリエーションが広がった。

Q³ 純？　吟？ <u>名前の違い</u>は何？

A 特定名称酒の分類です
とくていめいしょうしゅ

「特定名称酒」と聞くと難しく感じがちだけど、これは国が決めた「いいお酒」の基準だと思えばいい。その中でも大きく「純米タイプ」と、醸造アルコールを使った「アルコール添加タイプ」があり、さらに原料の米をどれだけ磨いたかという「精米歩合（贅沢度）」によって細かく分けられる。ただし、この分類は必ずしも「おいしさ」を表すものではない。とっても贅沢（大吟醸）に造っているのにあえて表示しない蔵も増えているし、地元のお客さんに安く提供するため、あえて本醸造を選ぶ蔵もある。

─ 特定名称酒の8分類 ─

純米タイプ 米 + 水	精米歩合	アルコール添加タイプ 米 + 水 + アルコール

純米大吟醸酒
お米を50%以下まで削り、中心部だけで造る。最高級ランクのお酒。

50%以下

大吟醸酒
お米を50%以下まで削り、醸造アルコールを添加して造る華やかなお酒。

純米吟醸
お米を60%以下まで削り、お米と水だけで造るお酒。バランスのよいお酒が多い。

60%以下

吟醸酒
お米を60%以下まで削り、醸造アルコールを添加して造るお酒。

特別純米酒
お米を60%以下まで削るか、または特別な方法（ラベルで説明表示が必要）で造るお酒のこと。

特別本醸造酒
精米60%以下、または特別な方法（ラベルで説明表示が必要）で造り、醸造アルコール添加して造るお酒。

最近は精米歩合80〜90％の低精米純米酒も人気

純米酒
お米の削り具合に指定はなし。お米と水だけで造ったお酒。

70%以下

本醸造酒
お米を70%以下まで削り、醸造アルコールを添加して造るお酒。

── 普通酒 ──

上記の「特定名称酒」の基準に満たないお酒を「普通酒」という。量販店などでよく見かけるカップ酒、パック酒などが多い。カジュアルだが、もちろん美酒も多い。

Q4 お酒専門のお米があるの？

A 酒造りには「酒米」が使われています

日本酒の原料は「お米」。といっても、普段食べている「ごはん」とはちょっと異なり、お酒造りのために開発された「酒造好適米（酒米）」が使われる。食用の米との違いは、大粒で中心部の「心白」があり、雑味の元となるタンパク質が少ないこと。最も有名で生産量の多い酒米は「山田錦」で、ほかにも全国各地で酒米の開発が行われている。地元産のお米にこだわったり、あえて酒造り用ではない食用米で造るお酒も存在する。

〈 酒米の生産量ランキング 〉

1位 山田錦（やまだにしき）

酒造好適米の王様。米粒が大きく、中心部の「心白」もたっぷりある。高級酒に使われやすい。

2位 五百万石（ごひゃくまんごく）

北陸を代表する酒米。1957年、新潟県で生産量が500万石を超えたことを記念して命名。

3位 美山錦（みやまにしき）

寒さに強いため、長野県を中心に東北でも多く栽培されている。品種開発の親に使われることも。

トップ2でシェア約60%！※

4位 雄町（おまち）

日本最古とされる酒米。近年人気急上昇中で、雄町ファンは「オマチスト」と呼ばれることも。

5位 出羽燦々（でわさんさん）

山形県で誕生した酒米。水分を吸い込みやすいのが特徴とされている。

〈 その他の注目酒米 〉

愛山（あいやま）

兵庫県の特定エリアで栽培される稀少な品種。

神力（しんりき）

明治〜昭和初期までよく使われていたお米が近年復活。

蔵の華（くらのはな）

美山錦に代わる次の品種として開発された。

八反（はったん）

明治時代から品種改良を重ね、現在は様々な「八反◯×」米がある。

食用米

「ごはん」になる食用米が酒造りに使われるケースもある。

※農林水産省「平成28年産米の農産物検査結果」（平成29年3月31日現在の速報値）より

Q5 日本酒ってどうやってできるの？

A 麹、酵母の力で丁寧に醸します

　日本酒はお米と水で造るお酒……というとシンプルなお酒に思えるが、いざ造るとなると様々な工程がある。「お米」の加工から「麹」「酛」「仕込み」、そして「搾り」などの処理、さらに商品によっては熟成までが行われ、ようやく出荷。非常に複雑で繊細なこれらの工程が江戸時代には確立されていたというから改めて驚かされる。P186から5つのパートに分けて詳しく学んでいこう。

お米パート

日本酒の原料「お米」を加工するパート。外側を削る「精米」から、「洗米」「浸漬」そして蒸し器でホカホカに蒸す「蒸米」まで。
（**P186**）

麹パート

日本酒造りの要とされる「麹」を造る。「お米パート」でできた蒸米に、カビの一種である麹菌をかけ、時間をかけて繁殖させる。
（**P187**）

酛パート

お酒の土台となる「酛（酒母）」を造るパート。速醸や生酛など様々な手法がある。アルコールはこの酛によって生まれる。
（**P188**）

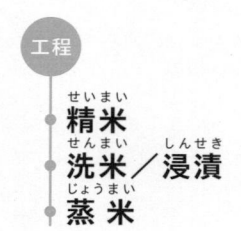

工程

- 精米（せいまい）
- 洗米（せんまい）／浸漬（しんせき）
- 蒸米（じょうまい）

工程

- 製麹（せいきく）

工程

- 酛造り（もとづくり）

日本酒の「並行複発酵」とは？

日本酒の発酵方法のこと。①お米のデンプン質を麹が糖に分解、②糖を酵母がアルコールに分解、この2つを同時に行う。ちなみにワインはブドウの糖を酵母がアルコールにする「単発酵」が、ビールでは麦芽のデンプン質を糖化後にアルコール発酵させる「単行複発酵」が行われる。

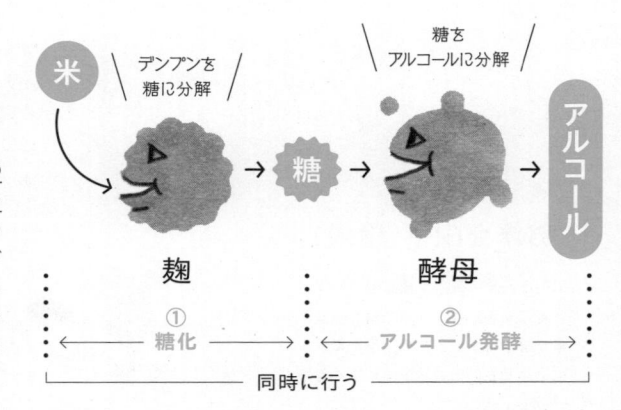

米 ＼デンプンを糖に分解／

糖をアルコールに分解

麹 → 糖 → 酵母 → アルコール

① ← 糖化 →
② ← アルコール発酵 →

同時に行う

＼完成！／

④ → ⑤ →

仕込みパート

「蒸米」「麹」「酛」を使っていよいよお酒を仕込む。大きなタンクでダイナミックに仕込む、酒造りのハイライト。

（P189）

工程

三段仕込み

搾りパート

「飲めるお酒」はすでに完成。ここからは不純物を除いたり、クリアな味にするため様々な加工が行われる。保存も重要。

（P190）

工程

上槽
おり引き／ろ過
火入れ
貯蔵／加水

すべての工程に意味があるのです

① お米パート

\ Start! /

お米を削る（精米 せいまい）

原料のお米の外側を精米機で削る。お米の外側にはタンパク質や脂質が多く含まれているため、削る量が少ないほどお酒の雑味が出やすくなる。「磨き」ともいう。

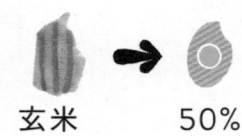

玄米 　 50%

50%以下まで削ると大吟醸

お米を洗う（洗米 せんまい／浸漬 しんせき）

精米したお米は摩擦熱で割れやすいため、一定期間休ませる。その後、お米の糠などを落とすために洗い（洗米）、水を吸わせる（浸漬）。理想の水分量30%程度を目指し、水に浸ける時間を秒単位で計算する。このように時間を計って限定的に水を吸わせる手法を「限定吸水 げんていきゅうすい」という。

お米を蒸す（蒸米 じょうまい）

「お米＝炊く」と思いがちだが、お酒の場合は専用の甑 こしき という道具でお米を「蒸す」。これによって外側は硬く、内側はやわらかい「蒸米」ができる。早朝に行われることが多い。

蒸米 むしまい が完成！

理想の蒸米は「外硬内軟 がいこうないなん」。これにより、お米のデンプン質が糖化しやすくなる。蒸米の出来具合は蔵人が手でつぶして確認することが多い。

② 麹パート

蒸したお米から
米麹を造る（製麹）

冷却した蒸米を麹室という35℃前後の温室に運び、麹の胞子を振りかける。その後、室温や水分量を細かく調節することで効果的に麹菌を繁殖させる。約48時間後、麹菌がしっかり繁殖した「米麹」ができる。

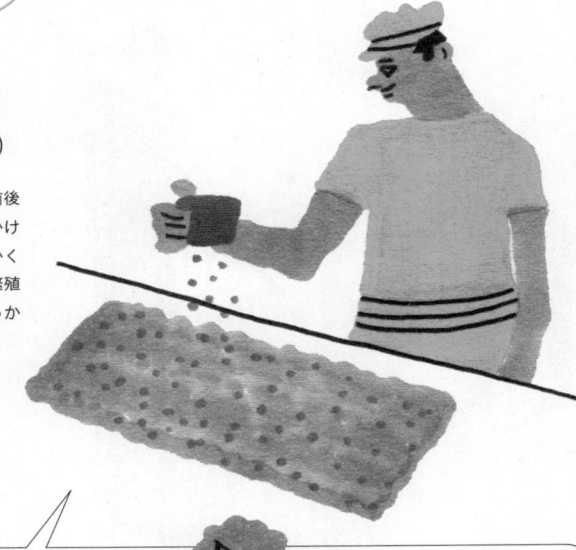

蒸米 ＋ 麹菌 → 米麹 が完成！

「並行複発酵」（P185）を担う重要なピース。米麹を使ってお酒のベースとなる「酛」が造られる。

〈 製麹の詳細（2日間）〉

引き込み → 種切り → 床もみ → 切り返し

引き込み：冷却した蒸米を麹室に運ぶ。

種切り：蒸米を広げ、種麹を均一に振りかける。

床もみ：蒸米をもみ、麹菌をまんべんなく付着させる。

切り返し：数時間後、くっついた蒸米をほぐす。

盛り → 仲仕事 → 仕舞仕事 → 出麹

盛り：一定量ずつ箱に分け、温度調節しやすくする。

仲仕事：数時間後、かき混ぜて温度を均一にする。

仕舞仕事：数時間後、再びかき混ぜて水分を蒸発させる。

出麹：麹が理想の状態になったら部屋から出す。

③ 酛パート

材料を
よく混ぜる（山おろし）

お酒の元となる「酛」（酒母）の工程。「麹パート」でできた米麹と蒸米、水を混ぜて造るのだが、その手法は様々。昔ながらの「生酛造り」では、まず桶に材料を入れて木の棒（かい棒）ですりつぶす「山おろし」で、蒸米に麹菌をしっかり付着させる。

山おろしを
省略すると
「山廃」になる

タンクで微生物を
繁殖させる

混ぜた（山おろしした）材料をタンクに移し、微生物を繁殖させる。そこに「酵母（微生物の一種）」を加えると、タンク内で酵母によるアルコール発酵が起こり、お酒の元となる「酛」ができる。一般的に人の手で酵母を入れるが、自然界の酵母を取り込む伝統製法を行う蔵もある。

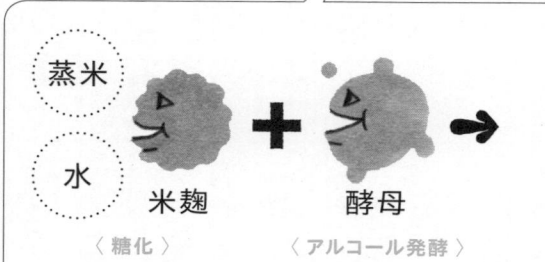

蒸米		
水	米麹	酵母
	〈 糖化 〉	〈 アルコール発酵 〉

酛が完成！

微生物＆酵母という自然界の力を使って生まれるのが「酛」。山おろしを省いた「山廃」や、乳酸を添加する「速醸」などの手法がある。（P192）

④ 仕込みパート

酛から醪を造る（仕込み）

もろみ

酛をベースに「お酒」を造るのが仕込みの工程。酛を大きなタンクに移し、そこに蒸米と米麹、そして水を加え、さらに発酵させる。一度にすべて入れると発酵が不安定になるので、3回に分けて投入する「三段仕込み」が一般的。酛の約14倍の醪ができる。

さんだんじこみ

三段仕込み

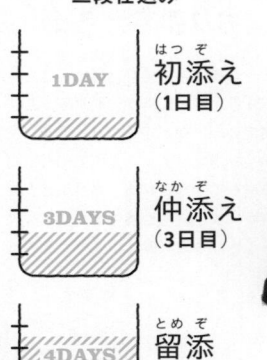

1DAY	初添え（1日目）はつぞ
3DAYS	仲添え（3日目）なかぞ
4DAYS	留添（4日目）とめぞ

> このまま瓶詰めすると「どぶろく」になる

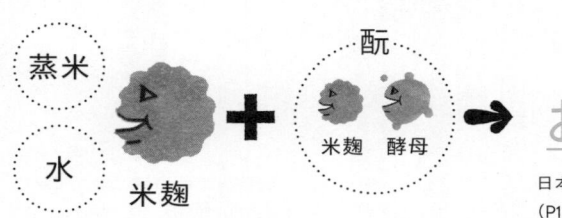

蒸米 ＋ 水 米麹 〈 糖化 〉

酛 米麹 酵母 〈 アルコール発酵 〉

→ お酒（醪）が完成！

日本酒ならではの「並行複発酵」へいこうふくはっこう（P183）により、約1ヵ月かけて甘みとアルコールのある「醪」ができる。

⑤ 搾りパート

醪を搾る（上槽<ruby>じょうそう</ruby>）

ドロドロの醪を濾す（搾る）ことで、「お酒」と「酒粕」に分ける。圧搾機で一気に搾る方法や、「槽<ruby>ふね</ruby>」という箱に並べて圧力をかける「槽搾り<ruby>ふねしぼり</ruby>」、重力だけでポタポタ搾る「袋吊り<ruby>ふくろづり</ruby>」などがある。（P195）

本醸造酒は上槽の直前にアルコールを加える

加熱する（火入<ruby>ひい</ruby>れ）

搾ったお酒の中にはまだ酵母<ruby>こうぼ</ruby>やほかの雑菌も生きている不安定な状態だ。そこで蔵元がベストなタイミングを見計らって加熱処理（火入れ）を行う。あえて加熱処理を行わない場合もある。（P196）

加熱しないお酒は「生酒」として出荷

さらにきれいにする（おり引き／ろ過<ruby>か</ruby>）

搾った後は、酒蔵が「目指す味」に整えるための工夫が行われる。まずお米の破片などの「おり」で濁っているお酒を、タンクの中で10日ほど放置して沈殿させる「おり引き」を行い、次に機械や活性炭素などを使っておりを取り除く「ろ過」を行う。

搾ってすぐのお酒は「おりがらみ」。ろ過しないお酒は「無濾過」

調節する（貯蔵／加水）

できたお酒は、まだ荒々しい味。一定期間貯蔵することで、香りや味のバランスを落ち着かせる（P198）。発酵によりアルコール度数が20度程度まで上がるものが多いため、水を加えて飲みやすい度数と味に整える。

ひと夏貯蔵すると「ひやおろし」

出荷 | Goal! |

最終調節を終えたお酒は、瓶詰め、再度の加熱処理、ラベル貼りなどを行って出荷。酒販店や問屋を通して、お客さんの手に届く。

日本酒はチームで造る

　多くの手間と技術、時間がかかる日本酒造りは蔵ごとにチームで行う。一般的なのが、蔵元（オーナー）が、お酒造りのプロ集団（蔵人）たちに蔵へ来てもらい、酒造りをまるっと依頼するパターン。日本酒造りは冬場に行われることが多いため、酒造りは農家さんの冬場の出稼ぎとして発展した背景がある。この集団の責任者を「杜氏」といい、その下で様々な役割を持つ職人たちが活躍する。また、近年は蔵元自ら酒造りを行うケースや、蔵の社員として契約するケースも増えている。

〈 蔵人チーム 〉 ※役職の一例。流派によって異なる。

今年も
お願いします

蔵元
くらもと

蔵の方向性を決める代表者。経営や販売などを主に行う。

依頼

まかせて
ください

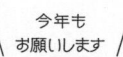

杜氏
とうじ

お酒造りの責任者。自らは「仕込みパート」を行う。杜氏の腕によってお酒の質が決まる。

3人の職人を
「三役」
という

麹屋
こうじや

「麹パート」のすべての工程を担当するスペシャリスト。「大師」「麹師」と呼ぶこともある。

現場は
私たちに!

頭
かしら

杜氏から指示を聞き、蔵人たちに伝える「主任」の立場。「麹パート」なども担当する。

酛屋
もとや

「酛パート」のすべての工程を担当するスペシャリスト。「酛廻し」「酛師」と呼ぶこともある。

先輩たちを
支えます!

追廻
おいまわし

アシスタント。水くみや、掃除、洗い物、洗米などを行う。

炭屋
すみや

「搾りパート」の「ろ過」を担当する。

釜屋
かまや

「お米パート」の「蒸米」を担当する。

船頭
せんどう

「搾りパート」の「上槽」を担当する。

道具廻し
どうぐまわし

道具の管理や洗浄を担当。洗米や蒸米の移動など様々な作業を行う。

生酛、山廃って一体何？

A 酛を造る方法のことです

　P94でも紹介した通り、ラベルに書かれることが多い「生酛（きもと）」や「山廃（やまはい）」は日本酒造りの「酛パート」の手法を指している。「生酛」は江戸時代に確立された伝統的な酛造りの方法のことだ。「山廃」は明治時代にできた手法で、これは「生酛」の大切な工程である「山おろし（やまおろし）」を省略した手法を指す。この2つはいずれも自然界の微生物の働きを生かしたナチュラルな製法だが、近年一般的なものは人工的に乳酸を添加する「速醸（そくじょう）」。こちらは生酛や山廃の半分ほどの期間でできるメリットがある。

	〈 いつできた？ 〉	〈 どう造る？ 〉	〈 味は？ 〉
生酛（きもと）	江戸時代	自然界の乳酸菌を取り込む	「酸」を感じやすい
山廃（やまはい）	明治時代	自然界の乳酸菌を取り込む	「酸」を感じ、ややパワフル
速醸（そくじょう）	明治後期	乳酸を人工的に添加	すっきり飲みやすい

〈 酛パートで変わる3つのお酒 〉

生酛 (きもと)

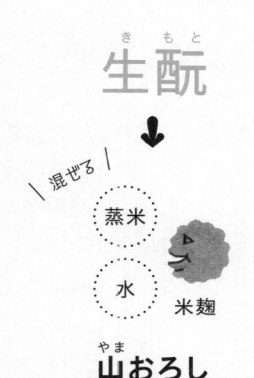

| 混ぜる

山おろし (やま)

桶の中に入れた材料を木の棒ですりつぶす「山おろし」を行う。これにより、お米に麹がむらなく付着する。

| 乳酸菌が増える

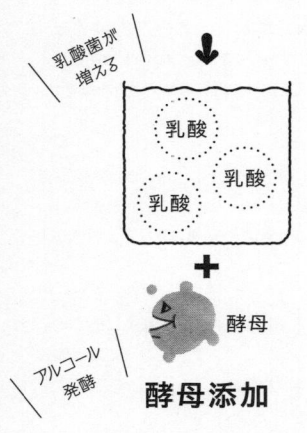

+

| アルコール発酵

酵母添加

微生物の働きで乳酸菌が増殖。酵母を投入すると発酵が始まり、アルコールにより乳酸菌はいなくなる。

山廃 (やまはい)

| 山おろししない

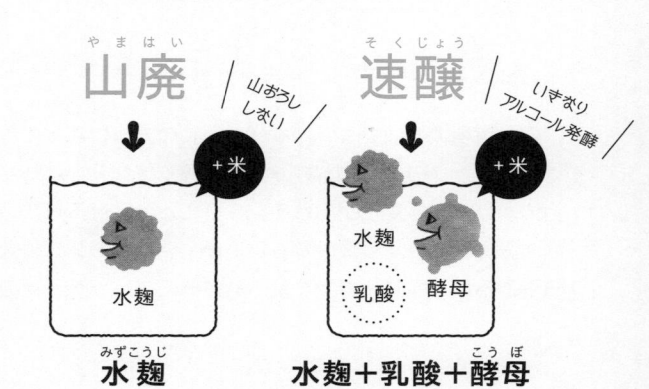

水麹 (みずこうじ)

「山おろし」を省略し（山おろし廃止＝山廃）、代わりに水に麹を溶かした「水麹」を使用。お米が水と一緒に麹を吸い込み、麹が付着する。

| 乳酸菌が増える

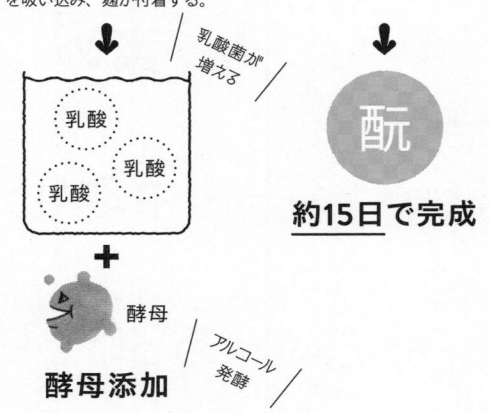

+

酵母添加

「生酛」と同じ流れ。微生物の働きにより乳酸菌が増えると、酵母を加えてアルコール発酵させる。

| アルコール発酵

速醸 (そくじょう)

| いきなりアルコール発酵

水麹＋乳酸＋酵母 (こうぼ)

水麹に乳酸と酵母、お米と必要な素材すべてを入れ、微生物の働きなしでいきなりアルコール発酵させる。

酛

約15日で完成

約30日で完成

※酵母を添加せずに自然界の酵母を取り込む方法もある。

Q7 <u>搾り方</u>でお酒の味が変わる？

A 搾る順番、手法で様々なお酒になります

　同じ銘柄のお酒でも「搾りパート」の方法によって異なる個性が生まれる。たとえば同じタンクのお酒でも搾り始めと搾り終わりでは味が大きく違うし、搾るときの圧力のかけ方でも変化が出せる。さらにどの程度ろ過するかによっても幅広い表現ができる。カジュアルな普段着もいいが、時にはドレスやスーツ、また部屋着が心地いい日もあるのと同じ。お酒を魅力的に飾るファッションのようなものと考えておこう。

〈 搾る段階の違い 〉

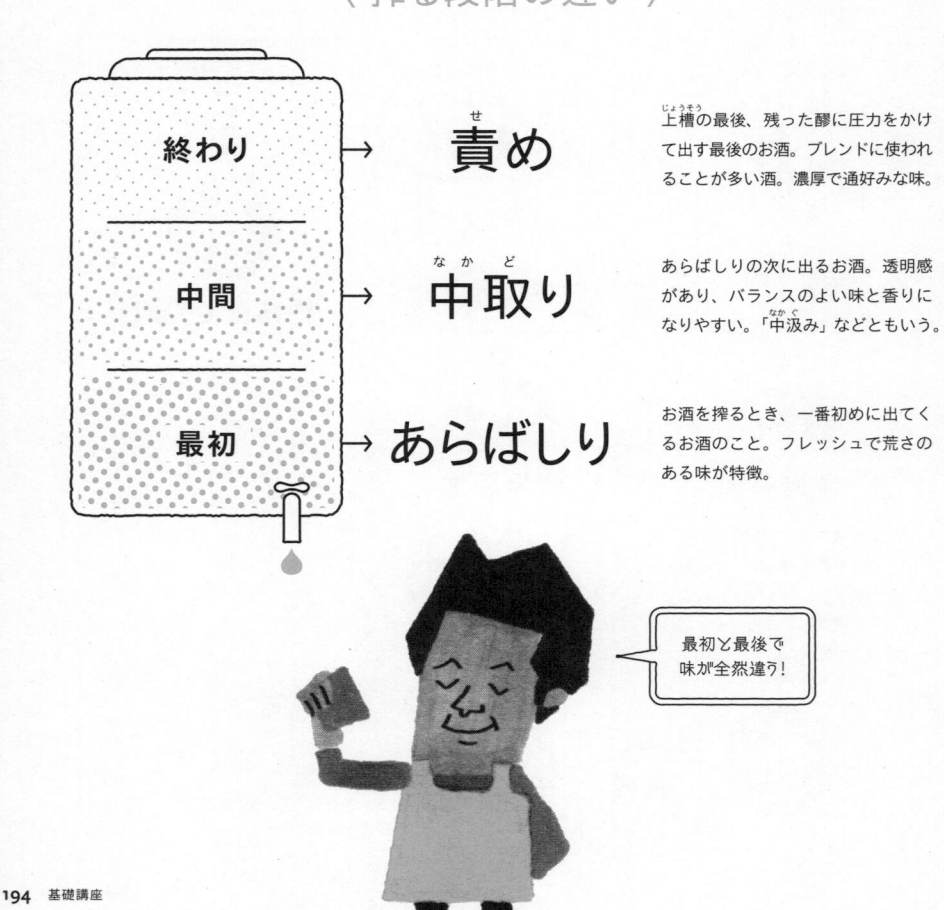

終わり → **責め**

上槽（じょうそう）の最後、残った醪に圧力をかけて出す最後のお酒。ブレンドに使われることが多い酒。濃厚で通好みな味。

中間 → **中取り**（なかどり）

あらばしりの次に出るお酒。透明感があり、バランスのよい味と香りになりやすい。「中汲み」（なかくみ）などともいう。

最初 → **あらばしり**

お酒を搾るとき、一番初めに出てくるお酒のこと。フレッシュで荒さのある味が特徴。

最初と最後で味が全然違う！

〈 搾る方法の違い 〉

袋吊り（ふくろづり）

醪を入れた布袋を吊るす方法。圧力をかけず、重力だけでポタリポタリとゆっくりお酒を抽出する。時間がかかるため高級酒など特別なお酒に用いられる。

槽搾り（ふねしぼり）

布袋に入れた醪を「槽」という長い箱状の容器に並べ、上からゆっくりと圧力をかけて搾る方法。昔ながらの伝統的な方法。

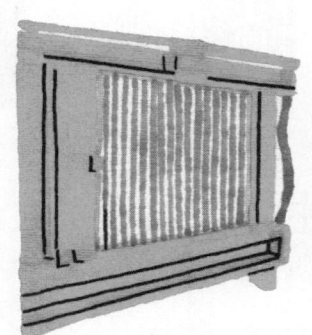

圧搾機（ヤブタ式）（あっさくき）

アコーディオンのような形状の圧搾機を使い、空気圧で一気に搾る。安定してお酒を抽出することができる。

〈 ろ過による違い 〉

どぶろく

醪のまま瓶詰めした、どろりと濁ったお酒（P189）。「清酒」とは名乗れない。

にごり酒

あえて目の粗い布袋で上槽することでおりを残したお酒。

おりがらみ

上槽後、お米の破片などの「おり」が残った状態のお酒（P190）。おりを沈殿させるなら「おり引き」を行う。

無ろ過（むろか）

おり引き後、ろ過をしないままのお酒のこと（P190）。ろ過すると見た目も味も透明感が増す。

Q8 日本酒の「生」って何?

A 加熱処理をしていないお酒のことです

「酵母」によってアルコール発酵させた日本酒は、当然のことながら「なまもの」だ。酵母が生きたままのお酒は「生酒」といい、新鮮でフレッシュな香りが特徴。しかし酵母が生きているため非常に敏感で、ちょっとしたことで味が変わりやすく、また開栓後はお酒の香りをダメにする菌が繁殖する可能性もあるため、できるだけ早く飲まなければならないなど、不便なことも多い。そこで多くの場合、品質を安定させるために「火入れ」という加熱処理を行い、酵母の動きをストップさせるのだ（P190）。

お酒本来の味！ / 生と火入れのいいとこどり / 安定のおいしさ

生酒
加熱処理を一切行わないお酒のこと。冷蔵保存は必須、開栓したら3日以内に飲み切る。

生詰め
貯蔵の前、タンクに入った状態で1回だけ火入れを行ったお酒。火入れしているのに「生」というので注意。

生貯蔵
火入れをせずに貯蔵し、瓶詰め時に火入れしたお酒。

火入れ
貯蔵前に一度火入れし、瓶詰め時にもう一度火入れをしたお酒。通常「火入れ」は2回火入れしているものを指す。

Part3では「生」はしっかりした味、「火入れ」はすっきりした味と学びましたね

〈 火入れの方法 〉

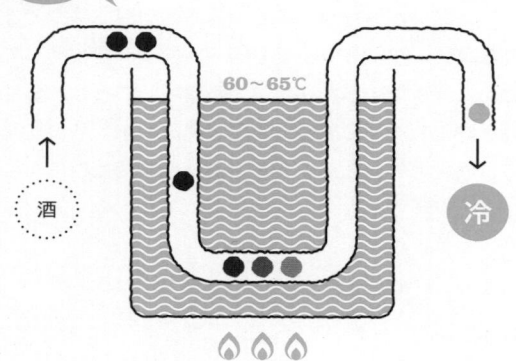

一般的な方法

主に1回目の火入れに取り入れられる方法。お湯の中に入れたホースをお酒が流れることによって、60〜65℃程度で低温加熱殺菌ができる。ホースは「蛇管」タイプや「網目」タイプなどがある。

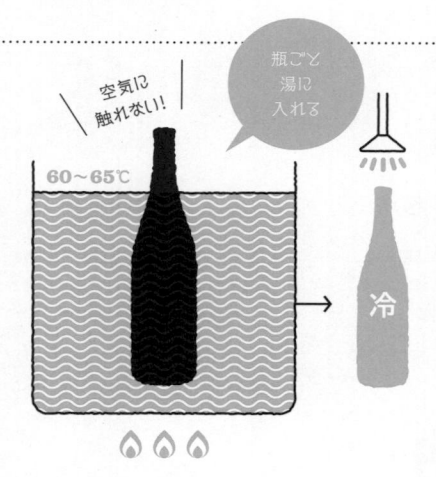

瓶燗火入れ
びんかん

火入れによって飛んでしまうお酒の香りを閉じ込めるために開発された方法。瓶詰め後にフタをした状態でお湯に浸けて殺菌処理を行い、冷水シャワーなどで急冷する。

Column

生原酒の「原」とは何？
なまげんしゅ

「生」とセットになって使われることの多い「原」の文字。「原酒」とは水によって調節（P190）していないお酒のこと。つまり「生原酒」とは加熱も加水もしていない搾ったままのお酒ということ。

Q⁹ 保存にもいろいろある？

A 貯蔵はお酒の命です！

「日本酒＝フレッシュな方がいい」と思いがちだが、多くの日本酒の蔵では、できたお酒を一定期間貯蔵して味を落ち着かせ、「ここぞ！」というタイミングで出荷している。お酒の貯蔵は温度変化が少なく、紫外線の当たらない「冷暗所」で行われることが一般的だ。春までに造ったお酒を貯蔵して夏の間じっくりと熟成させ、秋口に出荷するお酒を「ひやおろし」という。熟成して旨みが乗ったお酒は、新酒に引けを取らない魅力があるのだ。

近年は貯蔵技術が向上！

一般的な貯蔵方法

多くの蔵が温度管理のできる貯蔵庫、貯蔵タンクで貯蔵する。一般的には15℃前後が理想とされている。

低速熟成でクリアに！

氷温貯蔵

0℃以下の低温下で貯蔵する方法。温度が低いため、じっくりゆるやかに熟成させることができる。

極寒の地ならでは！

雪中貯蔵

雪国で見られる貯蔵方法。かまくらの中で貯蔵するなど、自然環境をフル活用した方法。

「袋吊り」とセットで覚えよう

斗瓶囲い（とびんがこい）

「袋吊り」などで上槽したお酒をガラス製の斗瓶に集め、そのまま貯蔵する。高級酒に用いられることが多い。

Q10

日本酒の「泡」はどうしてできる？

A 瓶内発酵、ガス注入の2タイプがあります

「泡」というと特別なお酒のように思えるが、酵母が「アルコール発酵」する際に「ガス」を発生させるため、そもそも日本酒に「泡」はつきもの。生酒などで酵母が生きた状態で瓶詰めすると、酵母の活動が続き「パチパチ」とガス感があるお酒になる。また、温度管理などによってあえて瓶の中で二次発酵させたお酒は、シャンパンのように「シュワシュワ」と炭酸を楽しめる。泡を飲みたいときはラベルに「スパークリング」と書かれているものを選ぼう。生酒はものによって活性の泡の度合いが異なるため、店員さんに質問するといい。

ガス弱 ● ● ● ● ● ● ● ● ● ● ● ● ● ● ガス強

火入れ	活性	スパークリング
		（発泡清酒）

生酒の一種

通常、火入れ処理を行ったお酒の多くは、ガスを感じることは少ない。コンテストなどでは、ガスがあるとダメだと判断される場合もあるためだ。

火入れでも「ガス」はある？

たとえ火入れをしていても、その後の工程で極力振動を与えずそっと瓶詰めしたお酒には、軽いガス感が残っているものもある。

瓶の中で酵母が生きている状態のお酒。開栓するときに泡が出てあふれ出すこともあるため、取り扱いには注意が必要だ。

近年「乾杯酒」として注目を集めている。あえて瓶内で酵母に二次発酵させてガスを閉じ込めることを目指したお酒。

ガス注入もあり！

炭酸ジュースと同じで人工的にガスを入れる方法もある。伝統的な手法ではないが、こちらも立派なスパークリング日本酒だ。

ガス

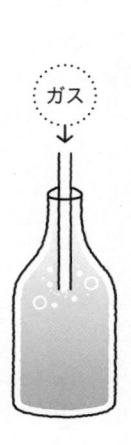

Q11

お酒に男、女があるの?

A 水の「硬度」の違いをそう表現します

「灘の男酒、伏見の女酒」という言葉を聞いたことがあるだろうか？ 灘と伏見はいずれも銘酒の地。男酒は骨格のはっきりしたキレのあるお酒で、女酒はまろやかでなめらかなお酒を指すことが多い。このようなお酒の質の違いは、その土地の「水」の「硬さ」が関係している。硬度が高いと発酵が速く進み、骨格のある「男酒」になりやすく、硬度が低いと発酵がゆっくり進み、なめらかな「女酒」になりやすい。もちろん造り方によって様々な味を表現できるが、水は特に重要な要素といえる。

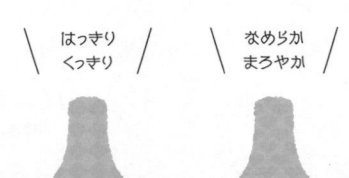

はっきり　くっきり

なめらか　まろやか

灘の　男酒

伏見の　女酒

水　灘の宮水

兵庫県の灘五郷地区で造られるお酒の宮水はミネラル豊富な硬水。加えて鉄分が少ないため、酒造りに適している。

水　伏見の水

京都府の伏見で造られるお酒の水は、灘に比べて硬度が低い中硬水のため、優しくなめらかなお酒造りに向いている。

〈 硬度と日本酒の関係 〉

硬 ←	硬水	中硬水	軟水	→ 軟
	300mg/l〜	100〜300mg/l	〜100mg/l	

土中のミネラルが多い地域に見られる。キレのよい後味のお酒に向いている。

実は「伏見の水」はこの中硬水。ほどよいミネラルがあり、バランスのいい味になる。

酒造りに不向きとされていたが、近年は技術向上によりすっきりしたお酒を醸すことができる。

> **Column**
>
> **「伏流水」が使われる理由**
> ふくりゅうすい
>
> 日本酒の仕込みには地中に染み込んだ「伏流水」が使われることが多い。何層もの地層を通った伏流水は、いわば天然の「ろ過」が行われた状態。さらに土壌のミネラルを多く含み、より酒造りに向いている。

Q12 貴醸酒って何?
(きじょうしゅ)

A お酒でお酒を仕込む贅沢なお酒です

　日本酒には「貴醸酒」というお酒がある。これは「大吟醸」「本醸造」のようなスペックや搾り方によるラベルの表記とはまったく異なるお酒だ。貴醸酒が特別な点は、「お酒でお酒を造る」ということ。通常は水を使う「仕込みパート」で、水の代わり、またはその一部に「お酒」を使って醸す。そうしてできたお酒はトロッと濃厚な舌触りと濃厚な甘みを持つ、まるでデザートワインのような味になる。広島県の榎酒造（えのきしゅぞう）（P159）が初めて商品化した、とっても贅沢なお酒なのだ。

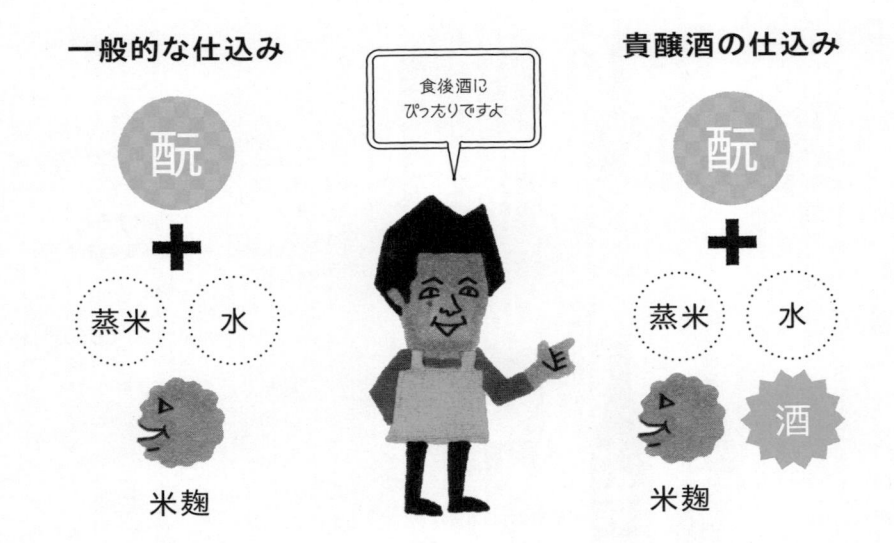

一般的な仕込み

酛 + 蒸米 水

米麹

食後酒にぴったりですよ

貴醸酒の仕込み

酛 + 蒸米 水

米麹 酒

〈 その他の変わった仕込み方 〉

トロッと甘いお酒になる

強烈な個性を持つお酒

四段仕込み
(よんだん)

通常は3回で行う「仕込み」だが、その後にさらにもち米などを加えて「4回」で仕込む方法。長野県の丸世酒造店（まるせしゅぞうてん）が行っており、甘みがしっかり増した日本酒になる。

水酛（菩薩酛）
(みずもと)（ぼさつもと）

室町時代の古典的な「酛パート」の方法。仕込み水の中に生のお米と炊いたお米を入れ、自然界の菌や微生物を取り込んで発酵させる。奈良県の美吉野醸造（みよしのじょうぞう）で今も行われている。

Q13 お酒は<u>古くなっても飲める</u>の？

A 「熟成酒」という楽しみがあります

　日本酒の世界には「古いお酒はダメ、新しいお酒が一番！」なんて風潮があるが、世界を見渡してみるとワインやウイスキーなど、熟成により価値が高まるお酒も多い。日本酒もそれと同じで、時間をかけてじっくり熟成させることで、新しいお酒にはないコクと旨みを楽しめるようになる。数年寝かせたお酒を熟成酒として出荷する蔵があったり、新酒を自ら「自家熟成」させる酒販店や飲食店もあったりと、その奥深い世界に魅了される人は多い。

1年以内はすべて「新」酒

酒造年度（BY）の期間内に出荷されるお酒はすべて「新酒」という。またその年の酒造りの最初に出荷される冬場のお酒を指すこともある。

熟成すると味が変わる？

日本酒を長期保存すると、どんどん熟成感が出て、味が変わる。しかしどのお酒がどう変わるか、それは誰にもわからない。

2年生も5年生も同じ「古」酒？

前年度の日本酒はすべて「古酒」という。「ただ古いだけ」のものと「熟成させた」ものが混在している。

マニアにはたまらない味！

長く熟成させた古酒はプレミアが付くことが多い。新酒として造ったものをそのまま貯蔵したものや、古酒用にわざわざ仕込まれたものもある。

「古い」だけでなく、あえて長期熟成させたお酒は「長期熟成酒」「秘蔵酒」などと名付けられることが多い

完成　新酒　1年後　古酒　10年後

Q14 なぜ瓶に色が付いているの？

A お酒の大敵・紫外線から守るためです

　酒屋さんの棚にずらりと並ぶ日本酒の瓶。茶色からグリーン、ブルーと、意外にもバラエティー豊かだ。そもそもなぜ瓶に色が付いているかというと、お酒の大敵である紫外線をガードするためだ。最高級酒など貴重なお酒には、紫外線をしっかりとガードできる黒色が、一般的にはブラウンやグリーンが使われることが多い。また、デザイン性を優先してあえて透明感のある瓶を使う場合もある。瓶の色はお酒の「日焼け止め」なのだ。

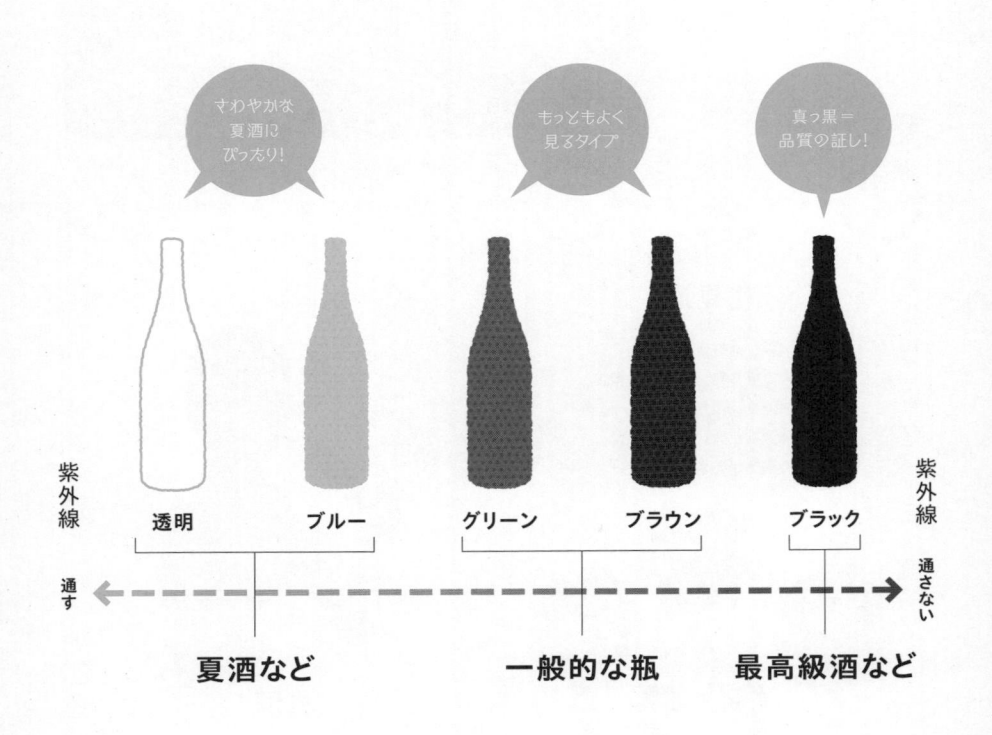

さわやかな夏酒にぴったり！

もっともよく見るタイプ

真っ黒＝品質の証し！

紫外線

透明　　ブルー　　　グリーン　　ブラウン　　ブラック

紫外線

通す　　　　　　　　　　　　　　　　　　　　　　　通さない

夏酒など　　　　　一般的な瓶　　　最高級酒など

Q15 日本酒にも<u>季節</u>があるの？

A 1年を通して楽しめるお酒です

「日本には春夏秋冬がある」なんていうけれど、「日本酒」にだって同じように季節がある。日本酒の酒造年度（BY）は7月1日からだが、酒造りを行うのは秋から春までが一般的。原料となるお米を収穫して造り始め、その年の最初のお酒が出てくるのが10〜12月頃。1〜2月頃になると、春に開催されるコンテスト用に最高級の日本酒が醸される。このほか多くの蔵では、「夏ならばすっきり心地よいお酒」というように季節と寄り添うお酒をリリースしている。季節ごとの味わいを楽しめるのも日本酒の魅力だ。

日本酒の新年度は7月1日から
日本酒の「酒造年度」は7月1日〜翌年6月30日。この間に造られて出荷されたお酒は「新酒」となる。

BY=Brewery Year
ブルワリー イヤー
酒造年度

日本酒カレンダー

3　4　5　6　7　8

花見酒

日本人が大好きな「花見」の席で振る舞われる華やかなお酒を「花見酒」という。豊臣秀吉が開いたという醍醐の花見が有名。

夏酒

濃厚タイプの日本酒は暑い季節には重く感じてしまうもの。この時期にはすっきりと軽やかな「夏酒」が登場。スパークリングも人気。

寒造りと四季醸造

江戸時代以降、冬場に酒造りを行う
「寒造り」がお酒造りの主流だった。
しかし近年は冷蔵設備や醸造技術の
発展により、1年を通して自由にお酒
を造る蔵も増えてきている。

かんづく
寒造り

し　き　じょうぞう
四季醸造

10月1日は「日本酒の日」

実は昭和39酒造年度までBYは10月1日か
らだったそう。そうした経緯から日本酒
造組合中央会が「日本酒の日」に定めた。

日本酒のゴールデン期間

ひやおろし
（秋あがり）

冬から春までに造ったお酒
を夏の間貯蔵して、秋口に
出荷するお酒のこと。適度
に熟成し、旨みの乗った酒
質が特徴だ。

新酒

秋に収穫したお米を使って
できた「この年初めのお酒」
が出荷される。この頃はお
米の特性を見ながら今年の
味を模索する「試運転」の
意味合いも強い。

高級酒
（コンテスト用）

12月〜2月頃は日本酒造り
の最盛期。春に多く行われ
るお酒のコンテストに向け
て、最高級のお酒などが
続々と造られる。

Q16 お酒を<u>温めるだけのプロ</u>がいる？

A お酒を知り尽くす「お燗番」です

　日本酒の世界には様々なプロがいるが、なんと「お酒を温める」専門家も存在する。それがお燗自慢の地酒専門店などで活躍する「お燗番」だ。ただお燗をつけるだけ、と侮るべからず。お燗はつける人の技術が最も表れるもので、銘柄や飲み手の好み、料理を見ながら最適な温度に仕上げる技術はまさしく名人芸だ。日本酒業界には「この名人のお燗が飲みたい」というファンを持つ達人も多い。ほかの人がまったく同じ手順と時間でお燗をつけても、達人のお燗の方が格段においしく感じるから不思議だ。

お燗番
（かんばん）

お燗をつける専門の職人。お酒の香りの変化や、酒器を持つ指の感覚などで温度を見極める。プロならではのテクニックも多彩だ。

テクニック1
急冷

お酒を一度高温にし、氷水を張ったボウルなどに徳利やチロリを入れて一気に冷やすことで味を引き締める。

テクニック2
デキャンタージュ

お燗を別の容器に移し替えることで空気に触れさせる。増幅したアルコール臭をカットし、味を開かせる。

テクニック4
瓶ごと燗

開栓したお酒を瓶ごと鍋に入れる大胆な方法。とてもまろやかな味になる。

テクニック3
加水燗

「ちょっと重いかも」と感じるお酒も、少し水を加えて燗にすると飲みやすくなる。

〈 日本酒の温度帯 〉

熱

55℃〜 …… 飛切燗（とびきりかん）
50℃ …… 熱燗（あつかん）
45℃ …… 上燗（じょうかん）

> 穀物系の香りがふわっ！
> 複雑な味が
> まとまりやすい

> まずはこの辺りの温度帯から

温

40℃ …… ぬる燗
35℃ …… 人肌燗（ひとはだかん）
30℃ …… 日向燗（ひなたかん）

> 飲み口はソフトに、
> 甘みと旨みが増す！

常温

20℃前後 …… 冷や（ひ）

◉「冷や」は「冷たい」ではなく「常温」と覚えよう。

冷

15℃ …… 涼冷え（すずびえ）

> 華やかな香りのある
> 吟醸酒にぴったり

10℃ …… 花冷え（はなびえ）
5℃ …… 雪冷え（ゆきびえ）

> スパークリングを
> キリッと楽しめる

Column

お燗はおいしい瞬間の宝探し

お酒のコンディションやつける人の技術にもよるため、「このお酒は何℃がベスト」という正解はない。「お燗番」は日々お酒をいろんな温度帯で味見し、まだ見ぬ新しいおいしさを探しているのだ。

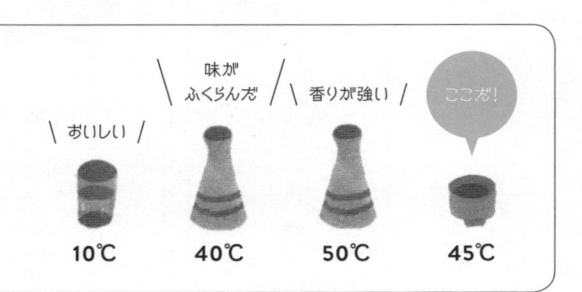

＼おいしい／ 10℃　　味がふくらんだ 40℃　　香りが強い 50℃　　ここだ！ 45℃

Q17 日本酒にも<u>流行り</u>があるの？

A 若手新時代に突入しています！

「日本酒＝伝統」というイメージが強いが、時代とともに常に「流行の味」がある。たとえば1970年代は「旨い酒は水に似る」といわれたように淡麗辛口のお酒。それから吟醸酒ブームや日本酒低迷期など、様々なムーブメントを経て、現在の日本酒業界は「代替わり」の時期。蔵を継いだ20〜40代の現代的な感性を持つ蔵人が、同じく若い人の嗜好に合う新しいお酒造りに取り組んでいる。自分と同年代の蔵人が造ったお酒だと聞くと、日本酒に対してぐっと親近感が湧いてこない？

70年代
淡麗辛口ブーム

新潟県や東北地方を中心とした、スイスイと飲みやすく余韻も短い「淡麗辛口」が全国的なブームに。

80年代
吟醸ブーム

手間と時間をかけて造る華やかなお酒「吟醸酒」が広がる。入手困難な「幻のお酒」も登場した。

90年代
スター蔵誕生

日本酒に「フルーティー」という概念を築いたのが「十四代」。杜氏ではなく蔵元自ら酒造りを行うのは革新的だった。

2000年代
一芸タイプ台頭

焼酎ブーム真っ盛り。そんな中、精米歩合に特化した銘柄「獺祭」がブームとなるなど、新しい日本酒の流れが動き始めた。

2010年〜
若手の多様化

「新政」や「写楽」など、新世代の蔵元が注目を集める。自らのカラーを打ち出した独自路線のお酒が続々と登場している。

〈 近年話題の若手蔵4タイプ 〉

都会派タイプ

都心部での流通を目指し、モダンな味わいと洗練されたデザインのお酒を手がける。マスコミやエンジニアなど、他業種の経験を経て酒造りに入る人も多く、プロモーションにも長けている。

温故知新タイプ

生酛造りや木樽仕込みなど、あえて昔ながらの手法に立ち返ることで新しいお酒の魅力を発進するタイプ。ただ古いだけでなく、「お酒に音楽を聴かせる」など、従来のイメージを覆す斬新なアイデアで勝負する蔵も。

ドメーヌ※タイプ

お酒の味は「土地」が大切という、ワインに通ずる理念。自らお米を育て、土地の水で醸すお酒は唯一無二の魅力を持つ。無農薬・減農薬など、ナチュラルな造りにこだわる蔵も多い。

チームタイプ

一緒にイベントを行ったり、時には協力して酒造りを行ったりしてチームで自分たちのお酒をアピールする。秋田県の「NEXT5」や広島県の「魂志会」が有名。イベントでは若手蔵が集まる「若手の夜明け」も人気だ。

※フランス語で「区画」「区域」。ワイン用語で原料の栽培から製造まで一貫して行う生産者を指す。

Q18 よく見るアレ、なんていう名前？

【 jya-no-me 】
蛇の目

酒器の底にある青い2重丸。蔵人が利き酒をする「利き猪口」に描かれているもので、白い部分でお酒の透明度を、青い部分で光沢をチェックする。

> 茶色は熟成の合図

> 本来はプロのための道具

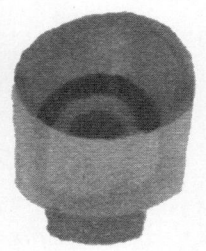

【 sugi-dama 】
杉玉

杉の葉で作ったボール。新酒ができたときに酒蔵の軒先に吊るされる。時間とともに茶色に変化し、熟成度を伝える。別名「酒林」。

【 da-sen 】
打栓

ガラス瓶に打ち込むことで密閉するプラスチックのフタで、一升瓶などによく見られる。「王冠」と呼ぶこともある。

> 最近はプラスチックのやわらかいカバーも多い

【 fu-kan 】
封かん

酒瓶のフタを閉じるように貼られているシール。「封をとじること」を意味する。ちなみに瓶の肩辺りにあるラベルは「肩ラベル」。

【 kagami-biraki 】
鏡開き

丸い酒樽の上にあるフタを「鏡」と呼んでいた。上部にある木のフタを木槌などで割って飲むことを「鏡開き」といい、おめでたい場で行われることが多い。

> お正月や結婚式に！

同時に数本温めることができる

【 kan-douko 】
燗どうこ

お燗をつける専用の器具のことで、お酒を温めるお湯の温度を一定に保つことができる。

材質によって味が変わる?

【 kai-bo 】
かい棒

棒の先に板が付いた道具のこと。「山おろし」時に材料をすりつぶしたり、タンクの中を混ぜたりする。木製をはじめ樹脂製やアルミ製などもある。

【 chirori 】
ちろり

お燗をつけるときに使う容器のこと。錫やアルミのものなどがある。ちろりではなく、徳利でお燗をつける方法もある。

ぐいっと飲めるのが「ぐいのみ」

【 hira-hai 】
平盃

【 ochoko 】
お猪口

【 guinomi 】
ぐいのみ

【 katakuchi 】
かたくち

ひと口に「酒器」といっても、形によって様々な名称がある。P112の酒器と合わせて持っておくと便利。お燗に使われることが多い。

あ

熱燗【あつかん】

50℃まで温めた日本酒。また、日本酒を温めて飲むことを総じて「熱燗」と呼ぶこともある。 ▶P29, 118, 123, 207

あらばしり

日本酒を搾る（上槽）とき、最初に出る部分を指す。フレッシュな味わいが特徴。 ▶P95, 194

アル添【あるてん】

アルコール添加の略。大吟醸酒、本醸造酒、普通酒などは、味を調節することなどを目的に醸造アルコールを添加する。原料はサトウキビなどが多い。 ▶P182

一升瓶【いっしょうびん】

日本酒に使用するガラスの瓶。一升（約1.8ℓ）の容量がある。 ▶P86, 98, 181

上立ち香【うわだちか】

お酒を飲む前に感じる揮発性の香り。

お猪口【おちょこ】

ひと口大の小さな酒器。燗酒を飲むときなどによく使われる。 ▶P64

男酒【おとこざけ】

硬水を使用したキレのあるお酒。「灘の男酒、伏見の女酒」という言葉が有名。（←→女酒） ▶P200

オフフレーバー

日本酒に発生する嫌な匂いのこと。酸化など様々な原因によって起こる。

雄町【おまち】

酒米（酒造好適米）の1つ。近年人気上昇中の注目品種。 ▶P183

おり

「上槽」後に残るお米の破片など小さな固形物。これを沈殿させる作業を「おり引き」という。「おりがらみ」は、意図的におりを残したお酒。 ▶P190, 195

おりがらみ

通常「おり引き」の工程で除く小さな固形物「おり」を残したお酒。 ▶P190, 195

女酒【おんなざけ】

軟水で仕込んだまろやかな味わいのお酒。「灘の男酒、伏見の女酒」という言葉が有名。（←→男酒） ▶P200

か

角打ち【かくうち】

酒販店の一角を使い、立ち飲みスタイルでお酒を提供すること。酒販店ならではのリーズナブルな価格設定が人気。 ▶P51

掛米【かけまい】

蒸米に掛け合わせることで酛や醪になる酒米。

ガス感【がすかん】

日本酒が発酵する段階で発生する炭酸ガスを瓶内に残したお酒。パチパチとしたガスを感じる飲み口で近年人気を集めている。 ▶P199

かたくち

一方にだけ注ぎ口のある器。鉢形からコップ状まで様々なタイプがある。 ▶P211

肩ラベル【かたらべる】

瓶の肩部分に貼られるラベル。お酒の特徴が記されることが多い。瓶の胴部分にあるラベルを「胴ラベル」、瓶の裏側にあるラベルを「裏ラベル」という。 ▶P94, 210

活性【かっせい】

瓶の中で酵母が生きている「生酒」にはシュワシュワとしたガス感がある場合も。瓶内で酵母を二次発酵させた日本酒はスパークリング（発泡清酒）。 ▶P199

燗【かん】

日本酒を温める飲み方。「お燗」「お燗酒」などという。温度によって「飛切燗」「熱燗」「上燗」「ぬる燗」「人肌燗」「日向燗」などの呼び方がある。 ▶P62, 118, 206

寒造り【かんづくり】

冬の寒い時期に酒造りを行う方法。江戸時代に確立された。近年は冷蔵技術が進み、1年中酒造りを行う四季醸造も増えている。 ▶P181, 205

燗どうこ【かんどうこ】

燗酒をつけるための道具。 ▶P62, 211

唎酒師【ききさけし】

日本酒サービス研究会・酒匠研究会連合会（SSI）が認

定する資格。日本酒の楽しみ方を提供できるプロフェッショナル。

唎く 【きく】

日本酒をテイスティングすることを「唎き酒」という。

貴醸酒 【きじょうしゅ】

日本酒を仕込む際、使う水、またはその一部に日本酒を使用したお酒のこと。◎ P201

生酛 【きもと】

自然界の酵母を取り込む伝統的な製法。蒸米を桶の中ですりつぶす「山おろし」が特徴的。◎ P95, 192

きょうかい酵母 【きょうかいこうぼ】

日本醸造協会が頒布している清酒酵母。◎ P90

吟醸香 【ぎんじょうか】

果実のような日本酒の香り。◎ P92

吟醸仕込み 【ぎんじょうじこみ】

酒米を多く削る贅沢な製法のこと。吟醸酒、大吟醸酒など華やかなお酒に用いられる。

吟醸酒 【ぎんじょうしゅ】

酒米を60％以下に削ったお酒。◎ P182

ぐいのみ

酒器の形状の1つ。お猪口よりも大きい。「ぐいっ」と飲める。◎ P211

口開け 【くちあけ】

開栓したての日本酒のこと。開けたてをほしがる人はお店に迷惑がられているかもしれない。◎ P77

口噛み酒 【くちかみざけ】

お米や木の実などを口に含み、吐き出したものがアルコール発酵を起こしてできたお酒のこと。日本酒の起源とされている。◎ P180

蔵人 【くらびと】

日本酒造りを行う職人のこと。蔵人たちのトップに立つ醸造責任者を杜氏と呼ぶ。◎ P191

下戸 【げこ】

お酒が飲めない、体質的に受け付けない人のこと。

原酒 【げんしゅ】

加水やアルコール添加を行わない日本酒。◎ P93, 197

合 【ごう】

日本酒の量の単位。1合約180mℓ。◎ P64

麹 【こうじ】

カビの一種。お米のデンプン質を糖に変える働きをする。日本酒では黄麹が一般的。焼酎には黒麹や白麹が使われることが多い。◎ P187

酵母 【こうぼ】

自然界に存在する極小の微生物。日本酒に使われる清酒酵母は、麹菌がお米のデンプン質を糖化してできたブドウ糖をアルコールに変える。◎ P90, 185, 188

國酒 【こくしゅ】

日本の風土、日本人の個性を象徴した、日本を代表する酒。日本酒と焼酎が國酒に認定されている。◎ P178

古酒 【こしゅ】

酒造年度から1年以上経ったお酒のこと。あえて長期熟成した日本酒は「熟成酒」などとも呼ばれる。◎ P202

さ 酒匠 【さかしょう】

日本酒・焼酎テイスティングの専門家を認定する資格。飲食店、酒販店関係者が目指すことが多い。

酒米 【さかまい】

日本酒醸造に適したお米のこと。山田錦、五百万石、雄町などがあり、全国で開発が続いている。（＝酒造好適米）◎ P19, 183

三段仕込み 【さんだんじこみ】

酛（酒母）に米麹、蒸米、水を加えて醪を造る工程で、3回に分けて投入する方法。段階的に行うことでより安定した発酵を促すことができる。◎ P189

直汲み 【じかぐみ】

お酒をタンクから直接瓶詰めする方法。貯蔵しないためフレッシュな味を楽しめる。

四合瓶 【しごうびん】

日本酒に使用するガラスの瓶。4合（約720mℓ）の容量がある。◎ P86, 98

地酒【じざけ】
その土「地」で造られるお「酒」のこと。全国各地で土地の風土を生かした様々なお酒が造られている。● P56

勺【しゃく】
日本酒の計量に使われる単位の1つで、1勺は1合の10分の1。約18mℓになる。● P64

酒質【しゅしつ】
お酒の味や香りの質、特徴のこと。

酒販店【しゅはんてん】
いわゆる「酒屋さん」のこと。お酒を売っているお店。● P82, 84

純米酒【じゅんまいしゅ】
醸造アルコールを添加しない、お米と水だけで造られた日本酒。● P21, 182

醸造アルコール【じょうぞうあるこーる】
日本酒の味や香りを整えるために添加する、サトウキビなどを原料としたアルコールのこと。本醸造酒や普通酒などに添加される。● P21, 182

醸造酒【じょうぞうしゅ】
酵母の発酵によって造るお酒のこと。日本酒のほか、ワインやビールなどが該当する。● P16, 178

焼酎【しょうちゅう】
日本酒と並び「國酒」に指定される蒸留酒。使用する原料により「米焼酎」「芋焼酎」「麦焼酎」「黒糖焼酎」などがある。また蒸留方法の違いにより甲類（連続式蒸留）と乙類（単式蒸留）にも分けられる。● P40, 179

蒸米【じょうまい・むしまい】
酒米を蒸す工程・蒸米（じょうまい）、また蒸した酒米・蒸米（むしまい）。● P186

蒸留酒【じょうりゅうしゅ】
一度生成した醸造酒を蒸留して高濃度のアルコールを抽出したお酒。焼酎やウイスキー、スピリッツなどが該当する。● P179

食中酒【しょくちゅうしゅ】
料理と合わせることでより魅力を発揮するお酒のこと。

新酒【しんしゅ】
酒造年度内に出荷したお酒を指す。また一般的に生成したばかりの新鮮なお酒もそう呼ぶ。● P94, 202, 205

浸漬【しんせき】
酒米に水を吸収させる工程。蒸米の前に行う。● P186

精米【せいまい】
お米の外側を削る作業。玄米の外側に含まれるタンパク質や脂質は雑味の原因にもなる。● P92, 186

洗米【せんまい】
原料のお米を洗い、糠などを洗い落とす作業。● P186

速醸【そくじょう】
「酛」を造る工程で、人工的に乳酸を添加する方法。「生酛」「山廃」の半分ほどの日数でできる。● P188, 192

た 大吟醸酒【だいぎんじょうしゅ】
お米を50%以下まで精米したお酒のこと。高級酒が多い。● P22, 54, 182

淡麗辛口【たんれいからくち】
日本酒の味の表現の1つ。甘さが控えめで余韻は短いもの。1960〜70年代にブームとなった。● P208

ちろり
燗をつけるときに使う道具。錫やアルミ製のものが一般的。● P211

杜氏【とうじ】
日本酒造りに携わる職人集団のトップに立つ、醸造専門の責任者。近年は蔵元が酒造りを行うケースも増えている。● P191

特定名称酒【とくていめいしょうしゅ】
純米酒、本醸造酒、吟醸酒など、国税庁が定めた品質基準を満たす日本酒のこと。基準に満たない日本酒を「普通酒」という。● P182

徳利【とっくり】
お酒を燗にするときに使う酒器。下部のふくらんだひょうたん型のものが多い。● P64

どぶろく
発酵させた醪をそのまま瓶詰めしたお酒。● P195

トラ

酔っぱらいのこと。泥酔した酔っぱらいは「大トラ」という。

な 夏酒【なつざけ】

夏の暑い時期に出荷されるお酒。すっきりさわやかな味のものが多い。 ● P95, 204

生酒【なまざけ】

火入れなどの加熱処理を一切行わない日本酒のこと。一度火入れしたものを「生詰め」「生貯蔵」という。● P84, 106, 196

日本酒度【にほんしゅど】

日本酒の甘さの度合いを測る1つの数値。プラスは辛口、マイナスは甘口といわれることが多い。● P25

乳酸菌【にゅうさんきん】

酛造りの工程で、酵母以外の微生物や雑菌を排除する。その後酵母が発酵を行うと、アルコールによって死滅する。● 192

は 発泡清酒【はっぽうせいしゅ】

炭酸ガスを含んだ日本酒のこと。瓶詰め時にガス充填するタイプと、瓶内二次発酵タイプがある。（＝スパークリング）● P199

BY【ビーワイ】

酒造年度（Brewery Year）の意味。7月1日から翌年6月30日までが日本酒の酒造年度となる。● P99, 204

老香【ひねか】

お酒が劣化したときに発生する嫌な臭い。紫外線に当たったり、暑い場所に保管しておくと出やすい。

冷や【ひや】

常温のお酒のことで、冷めたいお酒ではない。温度によって「冷や（常温）」「涼冷え」「花冷え」「雪冷え」と呼ばれる。● P123, 207

ひやおろし

仕込んだお酒を夏の間熟成させて秋に出荷するお酒のこと。コクが出る場合が多い。（秋あがり）● P95, 205

ヒレ酒【ひれざけ】

フグなどのヒレを火で炙り、コップに入れて熱燗を加えたもの。ヒレの香りが移った豊かな味わいが魅力。

普通酒【ふつうしゅ】

国税庁が定める日本酒の品質基準に達していないお酒のこと。日本酒市場の約70％を占める。● P182

槽搾り【ふねしぼり】

醪を搾って日本酒を生成する「上槽」の伝統的な手法。槽と呼ばれる昔ながらの器具を使い、上から圧力をかけて搾る。● P195

並行複発酵【へいこうふくはっこう】

日本酒の発酵方法。お米のデンプン質をブドウ糖に変える糖化と、それをアルコールに変える発酵を同時に行う。● P185

本醸造酒【ほんじょうぞうしゅ】

生成した日本酒に醸造アルコールを添加したお酒のこと。● P21, 182

ま 酛【もと】

米麹に蒸米、水を加えて酵母を培養したもの。これを元に日本酒を造る。酒母ともいう。● P188

醪【もろみ】

酛に米麹、蒸米、水を加える仕込みの工程を経てできたもの。これを搾ることで日本酒になる。● P189

や ヤブタ式【やぶたしき】

醪を搾る「上槽」の工程で、アコーディオン型の「薮田式自動醪搾機」を使う方法を、略して「ヤブタ式」という。上槽には槽搾りや袋吊りなど様々な方法がある。● P195

山田錦【やまだにしき】

お酒の原料となる酒米の代表的な品種。● P183

山廃【やまはい】

酛造りにおいて、乳酸を添加しない方法の1つ。同じく伝統的な「生酛造り」から「山おろし」を省いたため「山（おろし）廃（止）」と呼ばれる。● P95, 192

和らぎ水【やわらぎみず】

日本酒を楽しむときに一緒にのむチェイサー。酔いすぎ防止のほか、口の中をリフレッシュする働きがある。● P27, 63

ビール好きは「のどごし」があって「飲みやすい」日本酒がおすすめ。

「すっきり」した味わいのものと、クラフトビールや黒ビールのように「後味」がある
タイプに分かれる。

ワイン好きは「フルーティー」なお酒がおすすめ。

スパークリングや白ワイン、ロゼはフルーツ系の香りが強いもの。赤ワイン好きな「ごはん」のような香りがあるものもおすすめ。

焼酎好きは基本的にお酒大好き。

芋や麦焼酎を飲む人には「お米の風味」がある日本酒、米や黒糖焼酎を飲む人には「フルーティー」な日本酒がおすすめ。

果実酒が好きな人にはフルーツの「甘み」と「酸」を感じられる日本酒がおすすめ。

サワーが好きな人は「爽快」で「のどごし」のよい日本酒がおすすめ。

ウイスキー好きは「濃厚」で「複雑」な味わいを好む。

日本酒も濃厚で複雑な味のものがおすすめ。

好みを細分化して考えると選びやすい。

普段から日本酒を飲んでいる人も、

大きく「すっきりさわやか」「フルーティー」「どっしりとした旨み」の3つに分かれる。

有名なお酒だけが並んでいるお店は要注意。

「見たことないお酒」があるほうが店主のこだわりが感じられる。

日本酒を楽しむなら「地酒専門店」のほか、バーや異ジャンルのレストランなどがある。シーンに合わせて賢く選ぼう。

お酒の注文するとき「おすすめください」はNG。

「好みの味」と「食べたい料理」を伝えてお酒を選んでもらおう。

「純米大吟醸」「本醸造」といったお酒の「スペック」からある程度味を想像できる。

日本酒を飲むなら「水」は必ず飲むこと。

酔いすぎ防止だけでなく、口の中をリフレッシュする高価がある。

日本酒を何杯か飲むなら、「すっきり」から「しっかり」へと飲み進めよう。

日本酒を造る蔵がある地域からも味をイメージできる。

日本酒と料理を自分で合わせるなら、「お酒の味」と「料理の味」がケンカしないように考えよう。

素材だけでなく、料理の「味付け」に注目するのも手だ。

お燗は店主の「技術」が見えるお酒。

「銘柄」を指定するのではなく「お燗ください」と注文しよう。

酒場のマナーも大切。

自分の知識をひけらかしたり、お酒の悪口を話すなど、周りを不快にさせる行為はやめよう。素直にお酒を楽しむのが一番だ。

お酒を買うなら、初心者は「酒販店」がおすすめ。

「冷たくキリッと」
飲みたいなら冷蔵庫へ、
「熱燗でしっぽり」
飲みたいなら常温の棚から選ぼう。

こだわりの酒屋さんは、日本酒の保存に気を使っている。瓶が明るい場所にないか、生酒が冷蔵庫に入れられているかをチェックしよう。

日本酒の香りを左右するのが「酵母」。

日本酒を買いに行くなら、

四合瓶なら1000〜2000円、一升瓶でも2000〜3000円

あればOKだ。

「生」「山廃」「あらばしり」など、ラベルによくあるキーワード。ここからもお酒の味を想像できる。

精米歩合が40%以下ならば透明感があるお酒が多い。50〜60%はバランス型、80%程度は濃厚。あくまでも傾向として覚えておこう。

日本酒のラベルはほとんど見なくていい。

「酵母」「精米歩合」「アルコール度」の3つだけチェックしよう。

アルコール度数は味にそれほど関係はない。しかし自分の酔い具合を計るためにチェックしておこう。

同じお酒でもサイズで微妙に味が変わる。

「一升瓶」はコクが出やすく、「四合瓶」はすっきりしやすい。

店員さんに聞くときは「お酒の質問」と「自分の好み」をセットで伝えるとよい。また、合わせたい料理や、過去においしかった銘柄などから伝えるのもよい。

日本酒を開栓するときは
金属キャップで手を
切らないように注意。

特にスパークリングは吹き出す恐れがある。

日本酒をグラスに
注ぐときは「そっと」
移し替えるように
するのが基本。

「生」と書かれている
お酒は冷蔵庫で
1〜2カ月保存可能。

それ以外は冷暗所で長期保存可能。開栓後はどちらも早めに飲もう。

家でお燗する場合は
40〜55℃程度から
始めてみよう。

買ったお酒が苦手でも、
温度やグラスを変えることで
おいしく飲める場合がある。

友人たちと家飲みを楽しむなら、
「おつまみ持ち寄り」や
「酒器による飲み比べ」
「1本のお酒の変化を楽しむ」など
テーマをもって楽しむといいだろう。
一人飲みの時はいろいろと
実験をしてみるのもよい。

初心者は「ストレート」と、ふくらみの多い「ワイングラス」から試してみよう。

グラスの形でも
お酒の味は変わる。

酒器の
「素材」でも
日本酒の
味は変わる。

分厚いと味が「まろやかに」、薄いと「シャープ」になりやすい。

酒器のお手入れを怠ると、
嫌な臭いが付いてしまう。
よく洗い、しっかり
乾かすことを心がけよう。

テイスティングシート

「日本酒をもっと学びたい」「もっと詳しくなりたい」という人に、本誌監修・竹口敏樹が使っているテイスティングシートをプレゼント。このシートのポイントはお酒の名前やスペックだけでなく、飲んだ日の天気やおつまみといった「飲用シーン」を書き込むこと。これによって自分が「おいしい」と感じた日本酒を総合的に記録し、分析することができるのだ。右ページのシートをコピーして、自分だけのおいしい日本酒リストを作ってみよう。

[記入例]

Tasting sheet

日本酒を飲んだ日、場所などの基礎情報 → 酒蔵とお酒の名前

| No. | 3 | 飲んだ日 | 2017 年 12 月 10 日 | 飲んだ場所(店) | 鎮守の森(東京・四ツ谷) | 天気 | 晴 |

| 銘柄 | ナツメ酒造 | アイテム名 | おいしい政宗 |

裏ラベルにある基本的な情報を書き込む → 見た目の色や香り、味。感じたままに書き込む

ラベルをメモしよう　　　**飲んだ感想をメモしよう**

基本情報

酒蔵の地域	東京都
製造年(BY)	27BY
精米歩合(麹・掛)	50%・60%
酵母	6号
アルコール度数	14%
杜氏	竹口敏樹
仕込み水	奥羽山脈系の伏流水

色
やや黄色

香り
青リンゴ

強弱
弱い ● ● ⊙ ● ● ● 強い

味の特徴
甘みと酸

味の強弱
濃淡　濃い ● ⊙ ● ● ● ● 淡麗
感触　さらさら ● ● ● ⊙ ● とろみ
後味　すっきり ● ● ● ⊙ ● しっかり

お酒のスペック 生酒、火入れなどの処理法をチェック → 飲んだシーン、酒器のタイプ

スペック

☐ 純米大吟醸　☐ 大吟醸　☑ 純米吟醸
☐ 吟醸　☐ 純米酒　☐ 本醸造　☐ 普通酒

飲んだシーン

☐ 食前　☑ 食中　☐ 食後
☐ 冷蔵　☑ 常温　☐ ぬる燗　☐ 熱燗
温度帯

火入れ・生酒

☑ 本生　☐ 生詰め(一回火入れ)
☐ 火入れ　☐ 生貯蔵(瓶詰め前一度火入)

グラスの形
ガラス、ブルゴーニュグラス

合わせた料理
タコのカルパッチョ

一緒に味わった料理、おつまみ → 感じたことを自由に書き込む

その他の特徴
生酛、袋吊り、あらばしり、活性にごり

味の感想
飲んだ瞬間、ガツンと舌に絡みつくパンチがあり、後味もしっかり。
香りはほとんどないので料理と合わせやすい。
しかしタコのカルパッチョより少重い味の料理の方がよかったかも。

Tasting sheet

No.	飲んだ日 年 月 日	飲んだ場所(店)	天気

銘柄	アイテム名

ラベルをメモしよう

飲んだ感想をメモしよう

基本情報

酒蔵の地域

製造年(BY)

精米歩合(麹・掛)

酵母

アルコール度数

杜氏

仕込み水

スペック

- ☐ 純米大吟醸　☐ 大吟醸　☐ 純米吟醸
- ☐ 吟醸　☐ 純米酒　☐ 本醸造　☐ 普通酒

火入れ・生酒

- ☐ 生　　　　　☐ 生詰め(一回火入れ)
- ☐ 火入れ　　　☐ 生貯蔵(瓶詰め前一度火入)

その他の特徴

色

香り

強弱

弱い　●　●　●　●　●　強い

味の特徴

味の強弱

濃淡　　濃い　●　●　●　●　●　淡麗

感触　さらさら　●　●　●　●　●　とろみ

後味　すっきり　●　●　●　●　●　しっかり

飲んだシーン

- ☐ 食前　☐ 食中　☐ 食後

温度帯　☐ 冷蔵　☐ 常温　☐ ぬる燗　☐ 熱燗

グラスの形

合わせた料理

味の感想

おわりに

　この本は「日本酒通になれる」「ウンチクを語れる」といったものではありません。「日本酒を考えるきっかけになった」と感想を持っていただけると、とてもうれしいです。

　日本酒に「正解」はありません。僕は本書の中で「お米の品種は味に関係ない」と説明しましたが、それは「山田錦＝こんな味」のように、決め付けることができないからです。産地の土壌や水はけ、気候、農法など、様々な要因でお酒の味は変化します。また「水」も重要で、土地の水質によって全く異なる味わいが生まれます。つまり、何かの要素だけでは判断できないほど、日本酒は「奥が深い」ということを、まずは知ってほしいのです。

　お酒の2大要素「お米」と「水」を育むのは「自然」です。日本酒を知ることは「自然」を意識することであり、おいしい日本酒を飲む喜びは、自然への感謝へとつながります。いろいろな日本酒を飲み、自分の好きな味を探すことで、この国の自然の豊かさを見つめ直してほしいです。

　「日本酒」という大きな壁を越えるには、よじ登るか、それともぶっ壊すか、はたまた地面に穴を掘っていくか……そのどれもが正解です。日本酒は「自由」です。あなたのやり方で、あなたのおいしいと思える味を探しましょう。ここが日本酒を楽しむ本当のスタート地点です。

竹口敏樹
たけぐちとしき

1975年6月5日生まれ、鹿児島県出身。

映像カメラマンとして活躍していた20代の頃、偶然立ち寄った酒場で日本酒のおいしさに開眼。独学で日本酒を学び、居酒屋勤務を経て東京・四ツ谷に「酒徒庵」を開店。天性の目利き力と料理とのペアリング力が評判を呼び、予約の取れない人気店となる。2015年に酒徒庵を閉店し、会員制の日本酒専門店「鎮守の森」をオープン。料理は日本酒に合わせるため和・洋・中のニュアンスを取り入れた多彩なメニューを開発。日本酒は4000ものストックから飲み頃を厳選し、飲み手の嗜好やその日の気候、料理との相性を見極めて提案。酒器や温度、サーブ方法にまでこだわって提供することで、その日、その瞬間にしか得ることができない「日本酒の感動体験」を届けている。

山紫水明瑞穂 流 酒道
さんしすいめいみずほ りゅうしゅどう
animism bar

鎮守の森

東京都新宿区四谷3-11　☎080-6535-9897
18:00〜22:30（18:00〜21:00／19:30〜22:30）、
土曜・祝日15:00〜19:00（15:00〜18:00／16:00〜19:00）
日曜休
※月・火曜は非会員も予約可能

参考文献

『新しい日本酒。』(ぴあ)

『うまい日本酒を知る、選ぶ、もっと楽しむ』飲食店日本酒提供者協会監修(技術評論社)

『蔵元を知って味わう　日本酒辞典』武者英三監修(ナツメ社)

『厳選日本酒手帖』山本洋子著(世界文化社)

『日本酒完全バイブル』武者英三監修(ナツメ社)

『日本酒語辞典』こしいゆうか著(誠文堂新光社)

『日本酒事典』はせがわ酒店 長谷川浩一監修(学研パブリッシング)

『日本酒ぴあ』(ぴあ)

編集協力	大久保敬太(KWC)、木村咲貴
デザイン	戸澤亮
イラスト	宮野耕治
撮影	八田政玄
取材協力	日本酒造組合中央会
編集担当	遠藤やよい(ナツメ出版企画)

ナツメ社Webサイト
http://www.natsume.co.jp
書籍の最新情報(正誤情報を含む)は
ナツメ社Webサイトをご覧ください。

もっと好きになる　日本酒選びの教科書

2018年1月4日　初版発行

監修者	竹口敏樹（たけぐちとしき）	Takeguchi Toshiki,2018
発行者	田村正隆	
発行所	株式会社ナツメ社	
	東京都千代田区神田神保町1-52　ナツメ社ビル1F（〒101-0051）	
	電話　03(3291)1257(代表)　FAX　03(3291)5761	
	振替　00130-1-58661	
制　作	ナツメ出版企画株式会社	
	東京都千代田区神田神保町1-52　ナツメ社ビル3F（〒101-0051）	
	電話　03(3295)3921(代表)	
印刷所	ラン印刷社	

Printed in Japan
ISBN978-4-8163-6334-4